U0213973

住房和城乡建设领域"十四五"热点培训教材

建筑碳排放管理员

杨小春　时　炜　刘宾灿　主编

中国建筑工业出版社

图书在版编目（CIP）数据

建筑碳排放管理员 / 杨小春，时炜，刘宾灿主编
. —北京：中国建筑工业出版社，2024.4
住房和城乡建设领域"十四五"热点培训教材
ISBN 978-7-112-29749-8

Ⅰ.①建… Ⅱ.①杨…②时…③刘… Ⅲ.①建筑业
—二氧化碳—排气—管理—教材 Ⅳ.① X511

中国国家版本馆 CIP 数据核字（2024）第 073432 号

本书是依据《碳排放管理员国家职业技能标准》，并结合建设行业人才培养需要历时 1 年编写完成。
内容覆盖标准涉及的碳排放监测员、碳排放核算员、碳排放核查员、碳排放交易员等多个岗位的基础知
识和专业技能，保证了专业知识的完整性、系统性、适用性，突出岗位实际能力要求。同时由来自全国
高等院校、行业标杆企业长期从事建筑领域"双碳"教学及研究的多位专家学者参与编写和审稿，保证
了本书的权威性。本书适用于高等院校相关专业师生，及企业相关从业人员使用。

责任编辑：李　慧
责任校对：刘梦然

住房和城乡建设领域"十四五"热点培训教材
建筑碳排放管理员
杨小春　时　炜　刘宾灿　主编

*

中国建筑工业出版社出版、发行（北京海淀三里河路 9 号）
各地新华书店、建筑书店经销
北京雅盈中佳图文设计公司制版
北京圣夫亚美印刷有限公司印刷

*

开本：787 毫米 ×1092 毫米　1/16　印张：10　字数：225 千字
2024 年 4 月第一版　2024 年 4 月第一次印刷
定价：**45.00** 元
ISBN 978-7-112-29749-8
（42214）

本书编委会

主　　编：杨小春　时　炜　刘宾灿

主　　审：张静晓　李小军

编写组：曹秀玲　郭　倩　刘　鹏　罗　晔

　　　　　郑　东　刘成国　刘吉营　杨　益

　　　　　温晓龙　陈园卿

前　言

2020 年 9 月 22 日，中国国家主席习近平在第七十五届联合国大会一般性辩论上郑重宣示，中国将提高国家自主贡献力度，采取更加有力的政策和措施，使二氧化碳排放力争于 2030 年前达到峰值，努力争取 2060 年前实现碳中和。实现碳达峰碳中和，是一场广泛而深刻的经济社会系统性变革。这场变革，既需要高等教育的深度参与，同时也必将深刻影响高等教育。其中，人才培养是核心内容和关键所在。

2022 年 8 月，人力资源和社会保障部发布《碳排放管理员国家职业技能标准》（征求意见稿），向全社会公开征求意见。这是碳排放管理员职业能力建设工作的一个重要里程碑，将对我国碳达峰碳中和专业人才培养工作起到积极推动作用。同时，各地陆续出台《碳达峰碳中和专业人才培养实施方案》，着力打造高水平"双碳"人才库。在此背景下，中国建筑出版传媒有限公司、全国土木工程领域双碳产教融合发展共同体共同组织编写了《建筑碳排放管理员》培训教材。

本书覆盖《碳排放管理员国家职业技能标准》涉及的城乡建设领域碳排放监测员、碳排放核算员、碳排放核查员、碳排放交易员等多个岗位的基础知识及专业技能。根据城乡建设领域碳排放管理员职业工作的需要，梳理人才标准，精选知识内容，突出能力要求，满足高等院校相关专业师生及企业相关专业人员使用。

本书具有以下特点：1. 在编写过程中，依据我国最新颁布的绿色低碳建筑方面的政策、新标准、新规范，参考了大量文献书籍，保证内容的先进性。2. 编写人员来自于全国高等院校、行业标杆企业的长期从事土木工程"双碳"领域研究的专家学者，同时聘请了业内权威专家作为审稿人员，使本书具有一定的前瞻性、权威性。3. 系统分析了城乡建设领域碳排放管理职业技能人员应具备的岗位履职能力、专业知识结构，保证了专业知识的完整性、系统性、适用性。

本书分为上下篇，上篇为基础知识篇，包括建筑碳排放概论，碳排放职业基础知识，安全生产、质量管理、环境保护、消防和职业健康基础知识，能源管理基础知识以及相关法律法规知识。此篇章主要是从"双碳"以及碳排放相关基础知识的角度进行初步介绍。

下篇为专业知识能力篇，主要包括碳排放核算专业知识与能力，碳排放核查专业知识与能力，碳排放交易专业知识与能力，碳排放监测专业知识与能力以及碳排放咨询专业知识与能力。该篇章将土木施工与碳排放管理进行融合讲解，对知识点由点及面进行分析，基于《碳排放管理员国家职业技能标准》的要求，对碳排放管理员需要掌握的能力进行分析，对标相应知识点的讲解。

具体编写分工：第1章由陕西建工集团有限公司时炜、河北地质大学曹秀玲和贵州交通职业技术学院郭倩编写；第2章由昆明理工大学津桥学院刘鹏编写；第3章由郑州工程技术学院罗晔编写；第4章由宁波职业技术学院郑东编写；第5章由中化学城市投资有限公司刘成国编写；第6章由西安三好软件技术股份有限公司杨小春、陕西建工安装集团有限公司刘宾灿编写；第7章由山东建筑大学刘吉营编写；第8章由杨凌职业技术学院杨益编写；第9章由陕西建工集团有限公司温晓龙编写；第10章由浙江建设职业技术学院陈园卿编写。杨小春、时炜、刘宾灿为本书进行了统稿工作，张静晓、李小军审稿。

目　录

上篇　基础知识篇

下篇　专业知识能力篇

上篇

基础知识篇

第 1 章　建筑碳排放概论

1.1　全球气候变化与温室气体

1.1.1　全球气候变化

20 世纪 80 年代以来，人类逐渐认识并关注气候变化问题。全球气候变化导致海平面上升、海洋变暖和酸化、冰川消融，生物多样性受影响严重，给人类社会带来了严重的危害。极端干旱、持续的森林大火、暴雨引发的洪灾等自然灾害的背后，都与全球气候变化有关。而人类活动产生的温室气体排放造成的全球气候变化问题，目前已引发学术界的普遍关注。

就应对全球气候变化的问题，联合国组织召开了一系列全球气候变化会议，国际社会为应对气候变化达成了具有国际约束力的一系列公约，其中主要有《联合国气候变化框架公约》《京都议定书》和《巴黎协定》。

1.1.2　温室气体

温室气体是指大气中能够吸收地面反射的长波辐射，并重新发射辐射的一些气体，如水蒸气、二氧化碳、大部分制冷剂等。它们可以使地球表面变得更温暖，类似于温室截留太阳辐射，并加热温室内空气。这种温室气体使地球变得更温暖的影响，称为"温室效应"。《京都议定书》及其修正案中规定控制的温室气体有 7 种，分别是二氧化碳（CO_2）、甲烷（CH_4）、氧化亚氮（N_2O）、氢氟碳化物（HFCs）、全氟碳化物（PFCs）、六氟化硫（SF_6）和三氟化氮（NF_3）。其中二氧化碳是最主要的温室气体，占全球温室气体排放总量的 70% 以上。就全球升温的贡献百分比来说，二氧化碳所占的比例也最大，约为 25%。

2022 年 10 月，世界气象组织（WMO）发布的《温室气体公报》指出，2021 年二氧化碳、甲烷和氧化亚氮三种主要温室气体在地球大气中的浓度均创新高，二氧化碳浓度增幅大于过去十年的年均增长率。2021 年二氧化碳、甲烷和氧化亚氮的浓度值分别为 1750年工业化前的 149%、262% 和 124%。世界气象组织认为，二氧化碳是气候变化和相关极端天气的主要驱动因素，可能造成海冰融化、海洋变暖和海平面上升，从而影响气候可达数千年。

温室气体的增加对气候和生态系统的影响是一个较为复杂的问题。二氧化碳增加虽然有利于增加绿色植物的光合产物，但它的增加也将引起气温和降水的变化。因气候变化而对生态系统和农业的间接影响，可能大大超过二氧化碳本身对光合作用的直接影响。按照气候模拟试验的结果，二氧化碳加倍以后，可能造成热带扩张，副热带、暖热带和寒带缩小，寒温带略有增加，草原和荒漠的面积增加，森林的面积减少。应对全球气候变化对于面临人口基数巨大和人均资源贫乏两大压力的中国来说，就显得尤为重要和紧迫。

1.1.3　碳达峰和碳中和

碳达峰是指碳排放量达峰，即某个国家或地区的二氧化碳排放量在某一个时期达到历史最高值，经历平台期后持续下降的过程，是二氧化碳排放量由增转降的历史拐点。实现碳达峰意味着一个国家或地区的经济社会发展与二氧化碳排放实现"脱钩"，即经济增长不再以碳排放增加为代价。其目标是在确定的年份实现碳排放量达到峰值，形成碳排放量由上升转向下降的拐点。碳达峰是碳中和实现的前提，碳达峰的时间和峰值高低将会直接影响碳中和目标实现的难易程度，其方式主要是控制化石能源消费总量、控制煤炭发电与终端能源消费、推动能源清洁化与高效化发展。

目前，世界上已有部分国家实现了碳达峰，如英国和美国分别于 1991 年和 2007 年实现了碳达峰，进入了达峰之后的下降阶段。在英国和美国碳达峰后，两者的碳排放量并未产生直接的下降，而是先进入平台期，碳排放量在一定范围内产生波动，之后进入碳排放量稳定下降阶段。

碳中和是指某个国家或地区在规定时期内人为排放的二氧化碳，与通过碳捕集、利用与封存（CCUS）以及植树造林等移除的二氧化碳相互抵消。联合国政府间气候变化专门委员会发布的《全球升温 1.5℃特别报告》指出，碳中和即为二氧化碳的净零排放。碳中和就是人类活动排放的二氧化碳与人类活动吸收的二氧化碳在一定时期内达到平衡。其中，人类活动排放的二氧化碳包括化石燃料燃烧、工业过程、农业及土地利用活动排放等，人类活动吸收的二氧化碳包括植树造林增加碳吸收、通过碳汇技术进行碳捕集等。碳中和的方式主要是通过调整能源结构、提高资源利用效率等方式减少二氧化碳排放，并通过 CCUS、生物能源等技术以及造林等方式增加二氧化碳吸收。

1.1.4　我国"双碳"目标

我国力争 2030 年前实现碳达峰，2060 年前实现碳中和，是以习近平同志为核心的党中央统筹国内国际两个大局作出的重大战略决策，是立足新发展阶段、贯彻新发展理念、构建新发展格局、推动高质量发展的内在要求。习近平总书记强调，实现碳达峰碳中和目标，不是别人让我们做，而是我们自己必须要做。

实现碳达峰碳中和是一场广泛而深刻的经济社会系统性变革。我国作为世界上最大的发展中国家，将完成全球最高的碳排放强度降幅，用全球历史上最短的时间实现从碳达峰到碳中和。实现"双碳"目标必须立足我国能源资源禀赋，坚持先立后破，深入推进能源革命，逐步转向碳排放总量和强度"双控"制度，积极稳妥推进碳达峰碳中和。

实现 2030 年前碳达峰、2060 年前碳中和是党中央经过深思熟虑作出的重大战略部署，也是有世界意义的应对气候变化的庄严承诺。"双碳"目标的提出将把我国的绿色发展之路提升到新的高度，成为我国未来数十年内社会经济发展的主基调之一。

我国陆续发布了《关于完整准确全面贯彻新发展理念做好碳达峰碳中和工作的意见》和《2030 年前碳达峰行动方案》，各有关部门出台能源、工业、建筑、交通等重点领域和煤炭、电力、钢铁、水泥等重点行业 12 份实施方案，出台科技、碳汇、财税、金融等 11 份支撑保障方案，形成碳达峰碳中和"1+N"政策体系，明确时间表、路线图、施工图。31 个省（区、市）制定本地区碳达峰实施方案，"双碳"政策体系构建完成并持续落实。

"双碳"目标是我国按照《巴黎协定》规定更新的国家自主贡献强化目标以及面向 21 世纪中叶的长期温室气体低排放发展战略，表现为二氧化碳排放水平由快到慢不断攀升、在年增长率为零的拐点处波动后持续下降，直到人为排放源和吸收汇相抵。从碳达峰到碳中和的过程，就是经济增长与二氧化碳排放从相对"脱钩"走向绝对"脱钩"的过程。

我国"双碳"目标实现的基本思路是：我国力争于 2030 年前实现二氧化碳排放达峰，单位国内生产总值二氧化碳排放将比 2005 年下降 65% 以上，非化石能源占一次能源消费比重将达到 25% 左右，风电、太阳能发电总装机容量将达到 12 亿千瓦以上，2060 年前实现碳中和。在"十四五"期间，单位国内生产总值能耗和二氧化碳排放分别降低 13.5% 和 18%。

"双碳"目标的实现是一个循序渐进的过程，也是一项涉及全社会的系统性工程。积极推动技术创新，充分调动科技、产业、金融等要素，通过全社会的齐心协力，推动能源变革，实现"双碳"目标。

1.2 绿色低碳发展与建筑碳排放

1.2.1 绿色低碳发展

2022 年，我国 GDP 达到 121.02 万亿元，占全球 GDP 比重的 18.06%，是世界第二大经济体。同时，根据国际能源署发布的数据，2022 年全球与能源相关的二氧化碳排放量创纪录地达到 368 亿吨，我国二氧化碳排放量达到 114.8 亿吨，占 31.2%，是世界上年度碳排放量最多的国家。2011 ~ 2019 年，全球碳排放总量年复合增速分别为 0.83%。我国碳排放量占世界排放量比例逐年攀升，由 1990 年的 11% 快速攀升至 2022 年的 31.2%，我国碳排放量年复合增速为 1.35%，远高于全球碳排放量年复合增速。在此情况下，中国的气候行动一直备受国际关注。

过去几十年来，我国经济飞速发展，对能源需求不断增长，而我国能源结构以化石燃料为主。2021 年，煤炭、石油、天然气三者能源消费占能源消费总量的比重达到 83.4%，化石燃料带来的碳排放量占比达到 90% 以上，大量的化石燃料使用造成了碳排放持续增加。

近年来，全国平均高温日数呈现上升趋势，且极端高温事件偏多。在气温方面，2022年全国平均气温为历史次高，仅比2021年低0.02℃，全国平均气温10.51℃，较常年偏高0.62℃，除冬季气温略偏低外，春、夏、秋三季气温均为历史同期最高；全国平均高温日数为历史最多，2022年全国平均高温（日最高气温大于35.0℃）日数16.4天，较常年偏多7.3天，为1961年以来最多；大于等于10℃活动积温（作物生长季积温）为历史最多，2022年全国平均大于等于10℃活动积温为5061℃·d，较常年偏多227.3℃·d，为1961年以来最多；极端高温事件为历史最多，2022年全国极端高温事件站次比为1.51，较常年偏多1.39，较2021年偏多1.37，为1961年以来历史最多。

我国从1979年开始逐渐推进节能减排工作，积极推动应对气候变化的措施，主动承担起大国责任，为实现人类社会的健康发展作出努力。同时，日益严峻的生态环境问题要求我国的发展模式需要向可持续发展模式转变。

化石燃料属于不可再生能源，从长期来看，对化石能源的过度依赖不利于我国实现可持续发展。面对可持续发展的要求，我国提出"双碳"目标旨在有效控制碳排放，倒逼能源结构调整，改善生态环境，实现可持续发展。

2021年2月，《国务院关于加快建立健全绿色低碳循环发展经济体系的指导意见》（国发〔2021〕4号）明确要求全面贯彻习近平生态文明思想，认真落实党中央、国务院决策部署，坚定不移贯彻新发展理念，全方位全过程推行绿色规划、绿色设计、绿色投资、绿色建设、绿色生产、绿色流通、绿色生活、绿色消费，使发展建立在高效利用资源、严格保护生态环境、有效控制温室气体排放的基础上，统筹推进高质量发展和高水平保护，建立健全绿色低碳循环发展的经济体系，确保实现碳达峰、碳中和目标，推动我国绿色发展迈上新台阶。

1.2.2　建筑碳排放

作为高耗能产业，全球建筑业消耗了世界40%的能源，造成了全球38%的碳排放，是世界三大温室气体人为排放的主要来源之一，建筑碳排放给全球环境带来严重的问题。2019年联合国气候变化大会（COP25）强调，随着新兴经济体和发展中国家人口的持续增长以及购买力的快速攀升，与现阶段相比，2060年建筑终端能耗预计增加49.8%。同时，全世界建筑存量在21世纪中叶将增加100%，从而导致未来建筑与建筑业能源消费和碳排放进一步增加。虽然建筑业贡献了近40%的全球二氧化碳排放，但与工业、交通部门相比，建筑业的相关节能减排举措始终滞后于其他行业，现阶段的建筑业是全社会经济活动中资源消耗和环境负荷占比最大的领域。联合国政府间气候变化专门委员会研究表明，全球建筑碳排放量可以减少42%，可再生能源利用可减少9%。

依据国际标准，碳排放分为直接碳排放、间接碳排放和隐含碳排放三个范围。建筑碳排放核算边界也可界定为以下三大范围。

1. 建筑直接碳排放。指建筑运行阶段直接消费的化石能源带来的碳排放，主要产生于建筑炊事、热水和分散采暖空调等活动。生态环境部发布的《省级二氧化碳排放达峰行动方案编制指南》就是按照此口径划分行业碳排放边界。

2. 建筑间接碳排放。指建筑运行阶段消费的电力和热力两大二次能源带来的碳排放，这是建筑运行碳排放的主要来源。建筑直接碳排放和建筑间接碳排放相加即为建筑运行碳排放。

3. 建筑隐含碳排放。指建筑施工和建材生产带来的碳排放，也被称为建筑建造碳排放或建筑物化碳排放。其中建筑施工碳排放，包括建造阶段施工、使用阶段维护施工和建筑物拆除施工的碳排放。

由于建筑业中包括住宅、公共建筑、厂房仓库等房屋建筑和铁路、道桥、隧道、水利水运等基础设施，建筑建造碳排放也可据此划分为两个口径：一是建筑业建造碳排放，二是房屋建筑建造碳排放。前者涵盖当年所有工程建设项目所消耗建材而产生的隐含碳排放，可用投入产出法或实物消耗测算法进行核算；后者是当年竣工的房屋建筑所消耗建材而产生的隐含碳排放，不仅包含当年的建材消耗量，还包括往年的建材消费。

2020 年，全国建筑全过程能耗总量为 22.7 亿吨标准煤当量，全国建筑全过程碳排放总量为 50.8 亿 tCO_2（图 1-1）。受新冠疫情影响，建筑运行能耗与碳排放增速明显放缓，全国建筑运行碳排放为 21.6 亿 tCO_2，同比增长仅 1.5%。不同建筑类型、不同气候区表现出不同的增长趋势。总的来看，我国建筑能源结构不断优化，建筑运行碳排放年均增速自"十一五"期间的 7.8% 下降至"十三五"期间的 2.8%，表现出我国开展的建筑节能工作成果显著。

实现"双碳"目标与我国建筑领域一直提倡的"节能减排"工作是一脉相承的，是促进经济社会发展和建筑领域全面绿色转型的客观需要。建筑领域涵盖范围广泛，涉及行业多，产业链长，精准管理难。"双碳"目标直接关系着建筑领域未来的可持续发展，将对

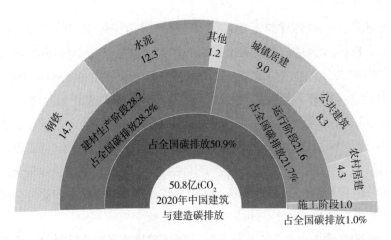

单位：亿 tCO_2

图 1-1　2020 年中国建筑与建造全过程碳排放总量及占比情况

注：数据来源于清华大学建筑节能研究中心《中国建筑节能年度发展研究报告 2023》

建筑领域产生巨大冲击和影响，同时也蕴藏着广阔的市场机遇。此外，建筑存量较大，运行过程碳排放占比较高，如期实现建筑领域"双碳"目标，将对全行业全社会实现"双碳"目标作出巨大贡献。

1.3　建筑领域碳达峰碳中和实施路径和展望

建筑领域是需求端降碳的主要领域，亟须通过体制机制创新，引领科技创新和技术进步，推进建筑产业优化升级。科学谋划实现建筑领域碳达峰碳中和的路径与方案，需要立足可持续发展新阶段，贯彻绿色低碳新发展理念，统筹好发展与减排、整体与局部、短期与长期的关系，以科技创新为推动力，形成建筑领域绿色低碳发展的制度设计、产业布局、技术体系、生产方式。

从国内来看，近年来我国建筑领域低碳发展稳步推进。《民用建筑节能条例》《绿色建筑行动方案》《建筑碳排放计算标准》《绿色建筑评价标准》《绿色建筑创建行动方案》《超低能耗建筑评价标准》《绿色建筑被动式设计导则》《绿色建造技术导则（试行）》等法规标准的出台，促进了建筑领域的绿色低碳发展。但是，中国建筑领域碳排放的总量庞大，建筑碳排放涉及建材生产运输、建筑施工、建筑运行和建筑拆除处置四个阶段的建筑全生命周期。根据《中国建筑节能年度发展研究报告2023》数据，2022年建筑行业全生命周期碳排放占全国碳排放总量的一半以上。因此在当前碳达峰碳中和的背景下，建筑领域的碳达峰是实现整体碳达峰的关键一环。建材生产和建筑运行阶段所占比例较大，分别为28.6%和21.6%，施工阶段占1%，因此建材生产和建筑运行阶段减碳是建筑领域碳排放达峰的关键。

1.3.1　建筑领域碳达峰碳中和实施路径

1. 完善绿色低碳政策体系

实现碳达峰碳中和战略目标，需要完善法律制度保障。现有政策引导在建筑领域绿色低碳发展上起到很大作用，但未来进一步完善政策支持和引导建立保障机制，是促进建筑领域绿色低碳发展的关键环节。从制度建设的角度推进体制机制改革和制度创新，从治理主体角度构建现代化碳治理体系，为绿色低碳发展提供长期稳定的法律环境。形成国家统一管理和地方、部门分工负责相结合的减污降碳激励约束机制，为建筑领域实现碳中和目标提供保障。在现行的环境、能源和资源等相关法律中增加碳减排相关内容，将碳减排要求落实到具体行业，形成推动减污降碳的协同效应。

2. 推动重大技术创新

提前布局"双碳"重大关键技术的研发，围绕能源替代、节能减碳、循环利用、碳捕获与封存、智慧建造等方面布局关键技术的专项科研攻关。加快进行清洁能源，低碳、零碳、负碳、建筑材料等重大前沿技术领域的布局，深入开展光储直柔、抽水蓄能、建筑电气化、智能物联网等关键技术的攻关。研发运用各类建筑减碳新工艺、新技术、新产品，加快部署推进新型材料、新型结构、资源综合利用等低碳前沿技术的研究、储备和应用，不断挖掘减碳的技术潜力。大力发展信息技术，实现智慧建筑、智慧园区和智慧城市等的持续迭代升级，探索研究建筑信息模型（BIM）、城市信息模型（CIM）技术融合及数字孪生技术，加快信息技术与工程业务的深度融合。

3. 加快生产方式转变

建立新型的绿色建造方式体制机制，建立健全科学实用、前瞻性强的新型建造方式标准和应用实施体系，完善相关技术体系和产品。强化新型建筑方式的新理念，建立新型建造方式的平台体系。打造创新研究平台、产业集成平台、成果应用推广平台。

4. 实现建材绿色低碳化

优化调整建材产业产品结构，推动建筑材料行业绿色低碳转型发展，促进建筑材料行业低碳技术的推广应用。加大建筑固废物资源化利用，从建筑固废物分类、回收处理、再生处理、资源化利用和产品应用等步骤促进建筑固废物资源回收利用。

5. 提升建筑能效水平

不断提高建筑节能标准，完善新建建筑节能技术体系，积极开展超低能耗建筑、近零能耗建筑建设，促进建筑的能效提升。

6. 全产业链协同减碳

围绕工程建设，为投资开发、规划设计、施工建造、运行维护提供可行的全过程绿色低碳节能方案。建立跨行业、跨领域的协作平台，创新资源整合方式，构建具有吸引力的产业生态圈，形成绿色低碳产业链和供应链。

1.3.2　建筑领域碳达峰碳中和展望

1. 建筑碳达峰碳中和从顶层设计开始。目前已出台部分政策引导，但实现建筑的碳中和仍需要加强顶层机制设计、完善的政策支持和引导。

2. 推广绿色化、工业化、信息化、集约化、产业化建造方式，加强技术创新和集成，利用新技术实现精细化设计和施工。

3. 实现建筑领域的碳中和，需要建筑全生命周期的各个阶段共同发力，从建材生产、建筑建造、建筑运行、建筑拆除四方面发展绿色低碳新技术。

4. 建筑领域的碳中和首先要有该领域明确的碳排放量计算的方法和标准，全面执行绿色建筑评价标准体系，准确核算建筑的碳足迹，需要出台更全面的技术指南。

5. 开展建筑领域碳排放监测、核算和交易系统，提升建筑能耗和碳排放监测能力，充分利用碳市场，在碳市场上进行碳配额或核证减排量的交易来抵消建筑的碳排放，并应用CCUS、林业碳汇等手段。

第2章 碳排放职业基础知识

2.1 碳排放管理

碳排放管理工作可以提供碳排放监测、核算、核查服务，对企业的碳排放（主要是温室气体二氧化碳的排放）情况进行量化的监测核算、核查，帮助政府部门掌握企业碳排放情况，以此制定碳排放配额的分配方案，对企业的碳排放进行有效监管管理。工作范围包括碳核查、碳足迹、碳咨询，节能减排、排放源计算系数、边界设定、排放源识别，固定燃烧排放的量化，移动燃烧排放的量化，制程排放的量化，逸散排放的量化，电、热能、蒸汽排放的量化，涉及政府部门和建筑、电力、水泥、钢铁、造纸、化工石化、有色金属、航空等行业。

2.2 碳排放职业资格

2022年6月，《住房和城乡建设部　国家发展改革委关于印发城乡建设领域碳达峰实施方案的通知》（建标〔2022〕53号），提出力争到2060年前，城乡建设方式全面实现绿色低碳转型，系统性变革全面实现，美好人居环境全面建成，城乡建设领域碳排放治理现代化全面实现，人民生活更加幸福。2022年4月，住房和城乡建设部颁布实施《建筑节能与可再生能源利用通用规范》（GB 55015—2021），其中明确"建筑碳排放计算作为强制要求"。

2021年3月，人力资源社会保障部办公厅等发布《关于发布集成电路工程技术人员等职业信息的通知》（人社厅发〔2021〕17号），碳排放管理员是其中18个新职业中唯一的绿色职业，在《中华人民共和国职业分类大典》中编码为4-09-07-04。这是《中华人民共和国职业分类大典（2015年版）》颁布以来发布的第四批新职业，意味着国家对碳排放这一领域职业化发展的认可。碳排放管理是一个技术性、综合性较强的工作，需要掌握相关碳排放技术，熟悉政策和标准，做好碳排放规划、核算、核查和评估等。碳排放管理员这个新职业将在碳排放资产管理、交易等活动中发挥积极作用，有效推动温室气体减排。

2.3 碳排放管理员

碳排放管理员是指从事企事业单位二氧化碳等温室气体排放监测、统计核算、核查、交易和咨询等工作的人员。主要工作任务包括：

1. 监测企事业单位碳排放现状；

2. 统计核算企事业单位碳排放数据；

3. 核查企事业单位碳排放情况；

4. 购买、出售、抵押企事业单位碳排放权；

5. 提供企事业单位碳排放咨询服务。

碳排放管理员岗位专业性较强，工作内容较为广泛，涉及碳资产管理，碳达峰与碳中和规划编制，碳标签、碳足迹和低碳产品认证，也包括提供外部的碳排放监测、统计核算、核查、碳排放权交易等相关服务。

碳排放管理员主要有民航碳排放管理员、碳排放监测员、碳排放核算员、碳排放核查员、碳排放交易员、碳排放咨询员等工种。主要工作内容涉及：监测企事业单位碳排放现状，统计核算企事业单位碳排放数据，核查企事业单位碳排放情况，提供企事业单位碳排放咨询服务，购买、出售、抵押企事业单位碳排放权等。对于排放量大的企业，需由多个碳排放管理员建立核算工作组、确定核算边界、确认排放源和气体种类、识别流入流出边界的碳源流及其类别、收集和获取活动水平数据、选择和获取排放因子数据、计算排放量、编制核算报告、报送核算数据和资料，包括核查安排、建立核查技术工作组、文件评审、建立现场核查组、实施现场核查、出具《核查结论》、告知核查结果、保存核查记录等。

碳排放管理员各工种职责：

1. **碳排放监测员**：根据每个单位的日常排放指标进行监测，监控碳排放水平，保证碳排放水平在指标值内。

2. **碳排放核算员**：掌握温室气体排放监测、量化、报告及核查相关方法，熟悉企业、组织、项目等量化和报告温室气体排放情况服务的标准、指南和计算工具构成，并计算政府、企业等单位在社会和生产活动中各环节直接或间接排放的二氧化碳。

3. **碳排放核查员**：根据各行业温室气体排放核算方法与报告指南以及相关标准、技术规范，对排放单位的温室气体排放量和相关信息进行全面核实和查证，编制真实、完整、准确的温室气体排放报告，并根据行业温室气体排放核算方法与报告指南以及相关技术规范，对重点排放单位报告的温室气体排放量和相关信息进行全面核实、查证。

4. **碳排放交易员**：熟知碳交易原理和行业企业配额分配规则，深度了解碳交易体系和市场动向，帮助企业开发和管理碳资产，制定企事业单位碳排放交易方案，通过碳排放权购买、出售、抵押等帮助企业完成守约，降低碳减排成本，助力企业实现"碳中和"。工作内容包括碳排放权交易前期准备，碳排放权登记，碳排放权交易，碳排放权结算，碳排放权交易市场分析，技术管理，培训与指导。

5. **碳排放咨询员**：碳咨询包括国际低碳趋势的研究，国内低碳政策的跟踪，为中国城市和企业担当低碳顾问，提供低碳解决方案。碳排放咨询师是指掌握规划编制的一般方法，熟悉工作流程，具备行业产业碳排放法律法规政策标准、能源环保等各方面的知识，了解行业和碳排放发展动态，制定规划编制工作计划，组织或参与规划调研、分析和报告编制工作的专业人员。

6.民航碳排放管理员：指从事民航单位二氧化碳等温室气体排放检测、统计核算、核查、交易和咨询等工作的人员。其主要任务包括监测企事业单位碳排放现状，统计核算企事业单位碳排放数据，购买、出售、抵押企事业单位碳排放权等。

2.4　职业技能标准

2022 年 7 月，人力资源社会保障部发布《关于公开征求易货师等 21 个国家职业技能标准意见的通知》，其中包括《碳排放管理员国家职业技能标准》（征求意见稿）。标准规定碳排放监测员、碳排放核算员、碳排放核查员、碳排放交易员、民航碳排放管理员等五个工种、共设五个等级，分别为：五级（初级工）、四级（中级工）、三级（高级工）、二级（技师）、一级（高级技师）。其中，五级（初级工）不分工种，统称碳排放管理员五级（初级工）。碳排放咨询员共设三个等级，分别为：三级（高级工）、二级（技师）、一级（高级技师）。培训参考学时要求为：五级（初级工）40 标准学时；四级（中级工）、三级（高级工）分别 80 标准学时；二级（技师）、一级（高级技师）分别 100 标准学时。

《碳排放管理员国家职业技能标准》中，职业技能鉴定评价方式分为理论知识考试、技能考核和综合评审。理论知识考试以笔试、机考等方式为主，主要考核从业人员从事本职业应掌握的基本要求和相关知识要求；技能考核以笔试、机考等方式进行，主要考核从业人员从事本职业应具备的技能水平；综合评审主要针对技师和高级技师，通常采取审阅申报材料、答辩等方式进行全面评议和审查。理论知识考试、技能考核和综合评审均实行百分制，成绩皆达 60 分（含）以上者为合格。评价时间规定：理论知识考试时间不少于 90 分钟；技能考核时间为：五级（初级工）、四级（中级工）、三级（高级工）分别不少于 60 分钟，二级（技师）、一级（高级技师）分别不少于 90 分钟；综合评审时间不少于 30 分钟。

2.5　职业道德

职业道德，就是同人们的职业活动紧密联系的符合职业特点所要求的道德准则、道德情操与道德品质的总和，它既是对职业从业人员在职业活动中的行为标准和要求，同时又是职业对社会所负的道德责任与义务。

职业道德是从业人员在职业活动中应遵循的基本道德，即一般社会道德在职业活动中的具体体现。职业道德包括职业品德、职业纪律、专业胜任能力及职业责任等，它属于自律范围，通过公约、守则等对从业人员职业活动加以规范。

2019 年 10 月，中共中央、国务院印发的《新时代公民道德建设实施纲要》明确要求："推动践行以爱岗敬业、诚实守信、办事公道、热情服务、奉献社会为主要内容的职业道德，鼓励人们在工作中做一个好建设者"。明确职业道德内涵、倡导践行职业道德，不仅是新时代公民道德建设的重要内容，也是培育和践行社会主义核心价值观、弘扬民族精神和时代精神的内在要求，对于推进中国特色社会主义事业、全面建设社会主义现代化国家具有重要意义。

2021 年 12 月，人力资源社会保障部、教育部、发展改革委、财政部联合印发的《"十四五"职业技能培训规划》要求："坚持立德树人、德技并修。大力弘扬和培育劳模精神、劳动精神、工匠精神，坚持工学结合、知行合一、德技并修，聚焦劳动者技能素质提升，注重培养劳动者的职业道德和技能素养"。

职业岗位从业人员应坚持爱党爱国，认真践行社会主义核心价值观，坚决拥护党的路线方针政策。

碳排放管理员职业守则的主要内容是：

1. 遵守国家法律、法规和有关规定。强化法治观念、树立法治意识，遵守法律法规，严格执行政策要求。

2. 爱岗敬业，忠于职守，诚实守信。立足本职，发扬奉献精神，勤勉尽责，自觉抵制社会不良风气。坚持诚信，守法奉公，保守工作秘密。牢固树立诚信理念，以诚立身、以信立业，严于律己、心存敬畏。

3. 认真负责，注重行业形象、廉洁自律。依法办事，树立良好的职业形象和人格尊严，敢于抵制歪风邪气，同一切违法乱纪的行为作斗争。学法知法守法，公私分明、克己奉公，维护行业声誉。

4. 刻苦学习，钻研业务，奉献社会。秉持专业精神，勤于学习、锐意进取，持续提升专业能力。注重自我管理和自我提升，培养良好的职业素养和职业技能，守正创新，履行社会责任，不断适应新形势新要求，与时俱进、开拓创新，努力推动行业高质量发展。

5. 谦虚谨慎，团结协作，主动配合。具备良好的沟通能力，加强同相关方的沟通，相互尊重，平等交流，以理服人，主动化解矛盾，构建良好的工作环境。

6. 严格执行标准规范，质量意识强。实事求是，客观公正，尽心尽职，执行标准规范不打折扣，做到"不唯上、不唯权、不唯情、不唯钱、只唯法"，守职守责，确保工作质量。

7. 严格执行作业规程，安全意识强。认真落实安全生产责任，增强安全生产意识，规范作业行为，杜绝违章作业和野蛮作业。

第3章 安全生产、质量管理、环境保护、消防和职业健康基础知识

3.1 安全生产基础知识

2003年11月国务院发布《建设工程安全生产管理条例》，安全生产管理已成为建筑企业以及相关工作人员的重点工作内容之一。2020年3月，国家市场监督管理总局和国家标准化管理委员会联合发布《职业健康安全管理体系 要求及使用指南》（GB/T 45001—2020），对建筑企业申请职业健康安全管理体系认证方面提出具体要求。《建设工程施工合同（示范文本）》（GF—2017—0201）第二部分和第三部分分别对施工单位、建设单位等项目相关方的安全职责进行明确规定，《建设工程监理合同（示范文本）》（GF—2012—0202）中相应条款也对监理单位和建设单位的安全责任进行了规定。

3.1.1 建筑工程安全生产控制的原则

1. 安全第一、预防为主、综合治理的原则

"安全第一"表明了生产范围内安全与生产的关系，生产必须安全，安全为了生产；"预防为主"体现的是预先策划、事前控制，把安全生产控制前移；"综合治理"强调，在安全生产管理工作中，要综合利用组织、制度、措施、经济、合同等各种方法，同时，不同的项目相关方，必须明确自身的安全生产职责，在安全生产方面通力合作。

2. 以人为本、关爱生命，维护作业人员合法权益的原则

安全生产管理应维护作业人员的合法权益，改善相关人员的工作与生活条件，同时，配备相关的安全管理设施，对相关人员进行相应的安全培训，培训合格才能上岗。

3. 责权一致的原则

责权一致的原则是任何一个组织进行组织设计时必须遵循的原则，建筑施工企业也不例外。

3.1.2 建筑工程安全生产影响因素

建筑工程安全影响因素有不同的分类，比如主观因素和客观因素。主观因素涉及从业人员的责任心、专业技能、利益以及不恰当的压缩工期等；客观因素涉及安全事故的

多变性、复杂性以及环境条件的恶劣等。安全生产因素也可以划分为 4 类要素，即"4M"要素。

1. 人的因素（Men）

人的不安全行为，是事故产生的最直接原因。

常见的人的因素主要有：

（1）建筑施工过程中存在多个安全责任主体，如建设、勘察、设计、监理和施工单位等，其关系的复杂性增加了安全管理的难度。

（2）从业人员素质相对较低，缺乏安全常识。施工一般多是非标准化作业，又需要大量的人力资源，各种分包队伍进入建筑市场，造成建筑工程安全管理的链条增长，影响环节增多，人员缺乏自我保护意识，降低了安全生产的有效性。

（3）人员职责不明确，出现问题互相推诿；人员培训不到位，或培训效果较差，野蛮施工，不可避免地存在安全隐患。

2. 物的因素（Machine or Matter）

物的不安全状态以及物的自然属性也会造成事故，如高空坠物、易燃易爆危险品爆炸等。

常见的物的因素主要有：

（1）建筑产品的多样性决定了安全问题的多变性。建筑产品是固定的、附着在土地上的，而地质结构则不尽相同；建筑的结构、规模、功能和施工工艺也是多样的，对人员、材料、机械设备、设施、防护用品、施工技术等不同的要求，决定了安全施工的挑战性。

（2）动态的施工作业使安全问题呈现多发性。施工过程中，施工队伍要在不同的地区间进行活动；在空间上从地下深处到高耸建筑，或者由开阔场地到狭窄区域变化等立体交叉作业，施工安全措施常常落后于施工进度，降低了施工安全的可控性。

（3）施工过程中使用的设备、构配件以及建筑材料的质量也会影响建筑物的安全。

（4）施工过程中使用的原材料本身容易产生安全事故，如易燃易爆危险化学品等。

3. 环境因素（Environment factor）

环境的不良状态，不仅会影响人的行为的不安全，也会造成物的状态不安全。如极端天气，会影响人的协调性；雷雨天气，会影响设备安全。

常见的环境因素主要有：

（1）恶劣的作业环境增加了危险源，如低温作业、海上作业。

（2）常年的露天环境，风吹日晒、高温高湿或者在有害环境条件下施工，施工人员注意力下降，增加安全控制的风险。

（3）施工过程中使用的设备在恶劣环境条件下的失效。

4. 管理因素（Management）

人的不安全行为，往往表现为管理方面。如违章指挥、瞎指挥等都会影响建筑工程安全。

常见的管理因素有：

（1）不合理地压缩工期导致安全风险增大，建设单位为了业绩和投资收益，要求项目提前竣工或暗示施工企业压缩工期，造成施工人员超负荷工作，疲劳作业，轻则埋下安全隐患，重则发生安全事故。

（2）安全措施落实不到位，施工人员冒险作业，必然增大施工中的安全隐患。

（3）利益驱使，减少对安全设施的投入，降低对安全管理人员的授权。

3.1.3　专项施工方案管理

《建设工程安全管理条例》明确规定，施工单位应当在施工组织设计中编制安全技术措施和施工现场临时用电方案，对下列达到一定规模的危险性较大的分部分项工程编制专项施工方案，并附具安全验算结果，经施工单位技术负责人、总监理工程师签字后实施，由专职安全生产管理人员进行现场监督：

（1）基坑支护与降水工程。

（2）土方开挖工程。

（3）模板工程。

（4）起重吊装工程。

（5）脚手架工程。

（6）拆除、爆破工程。

（7）国务院建设行政主管部门或者其他有关部门规定的其他危险性较大的工程。

对于超过一定规模的危大工程，如基坑工程、模板支撑体系工程、起重吊装及安装拆卸工程、脚手架工程、拆除工程、暗挖工程、建筑幕墙安装工程、人工挖孔桩工程、钢结构安装工程等，施工单位应当组织召开专家论证会对专项施工方案进行论证，实行施工总承包的，由施工总承包单位组织召开专家论证会，专家论证前专项施工方案应当通过施工单位审核和总监理工程师审查。具体要求可参考《住房和城乡建设部办公厅关于印发危险性较大的分部分项工程专项施工方案编制指南的通知》（建办质〔2021〕48 号）。

3.1.4　建设主体单位法律责任

为了规范建筑工程领域各相关主体单位的安全生产责任，减少工程安全事故的发生，保护人民群众的生命健康与财产，《中华人民共和国建筑法》《中华人民共和国民法典》《中华人民共和国招标投标法》《建设工程安全生产管理条例》等相关法律法规，按照主体单位违反法律规范的不同，分为刑事责任、民事责任和行政责任三大类，具体的承担方式可以是人身责任、财产责任和行为能力责任。

1. 建设单位安全责任

（1）建设单位应当向施工单位提供施工现场及毗邻区域内的供水、排水、供电、供气、供热、通信、广播电视等地下管线资料，气象和水文观测资料，相邻建筑物、构筑物和地下工程的有关资料，并保证资料的真实、准确、完整。

（2）建设单位不得对勘察、设计、施工、工程监理等单位提出不符合建筑工程安全生产法律、法规和强制性标准规定的要求，不得压缩合同约定的工期。

（3）建设单位不得明示或者暗示施工单位购买、租赁、使用不符合安全施工要求的安全防护用具、机械设备、施工机具及配件、消防设施和器材。

（4）依法办理施工许可证等法律手续或备案。

（5）涉及爆破工程的，应当遵守国家有关民用爆炸物品管理的规定。

2. 施工单位安全责任

（1）施工单位要依法取得相应等级的资质证书，并在资质等级允许的范围内承揽工程。

（2）施工单位应当建立健全安全生产制度和安全生产教育培训制度，制定安全生产规章制度和操作规程，保证安全费用的资金投入，对所建工程进行定期或专项安全检查，并做好安全记录。

（3）施工单位应当设立安全生产管理机构，配备专职安全生产管理人员。

（4）实行总承包工程的，由总承包单位对安全生产负总责，总承包单位应当自行完成主体结构的施工。

（5）特种作业人员如垂直运输机械作业人员、安装拆卸工、爆破作业人员、起重信号工、登高作业人员等必须按照国家有关规定经过专门的安全作业培训，并取得资格证书。

（6）施工单位应当在施工组织设计中编制安全技术措施和施工现场临时用电方案。部分分部分项工程需要编制专项安全措施，具体内容见本教材3.1.3节。

（7）施工单位应当在施工现场的危险部位，设置明显的安全警示标志，安全警示标志必须符合国家标准。

（8）施工单位应当将办公区、生活区与作业区分开设置，并保持安全距离。

（9）施工单位对因建筑工程施工可能造成的对周围建筑物、构筑物的损坏，应当采取专项保护措施。

（10）施工单位应当建立消防安全责任制度。

（11）施工单位应当为施工人员提供防护用品。

（12）施工人员必须按章操作，遵守国家的相关标准、规范。

（13）施工现场使用的起重机械、整体提升脚手架等，使用前应经相关单位进行验收，合格后使用。

（14）应对施工人员定期进行培训。

（15）要为施工人员办理意外伤害险。

3. 勘察单位的安全责任

（1）勘察单位应按照法律、法规和强制性标准进行勘察，勘察成果应当真实、准确，满足安全生产需要。

（2）勘察作业时，严格遵守操作规程，采取措施保证各类管线、设施和周围建筑物、构筑物的安全。

4. 设计单位安全责任

（1）设计单位应当按照法律、法规和强制性标准进行设计，防止因设计不合理导致安全生产事故的发生。

（2）设计单位以及注册人员对其设计负责。

（3）设计时，对涉及施工安全的重点部位和环节在设计文件中注明，并提出指导意见；同时，对采用新结构、新材料、新工艺的建筑工程和特殊结构的建筑工程，提出保障施工作业人员安全和预防安全生产事故的措施建议。

5. 监理单位安全责任

（1）监理单位应审查施工组织设计中的安全措施和专项方案是否符合国家强制性标准。

（2）监理过程中发现安全隐患，要求施工单位整改，情况严重的，应当要求施工单位停止施工，并报告建设单位；施工单位拒不整改或者不停止，应上报有关主管部门。

（3）对建筑工程安全生产承担监理责任。

3.1.5　建筑工程安全责任事故分类

《中华人民共和国安全生产法》规定，生产安全一般事故、较大事故、重大事故、特别重大事故的划分标准由国务院规定。

《生产安全事故报告和调查处理条例》第三条规定，根据生产安全事故造成的人员伤亡或者直接经济损失，事故一般分为以下等级：

（1）特别重大事故，是指造成30人以上死亡，或者100人以上重伤（包括急性工业中毒，下同），或者1亿元以上直接经济损失的事故；

（2）重大事故，是指造成10人以上30人以下死亡，或者50人以上100人以下重伤，或者5000万元以上1亿元以下直接经济损失的事故；

（3）较大事故，是指造成3人以上10人以下死亡，或者10人以上50人以下重伤，或者1000万元以上5000万元以下直接经济损失的事故；

（4）一般事故，是指造成3人以下死亡，或者10人以下重伤，或者1000万元以下直接经济损失的事故。

3.1.6　安全生产事故救援与处理

事故应急救援的总目标是通过有效的应急救援行动，尽可能降低事故的后果，包括人员伤亡、财产损失和环境破坏，主要包括四个方面：立即组织营救受害人员，组织撤离或者采取其他措施保护危险区域内其他人员；迅速控制事态，并对事故造成的危害进行检测、监测，测定事故的危害区域、危害性质和危害程度；消除危害后果，做好现场恢复；

查清事故原因，评估危害程度。

3.1.7 建筑工程危险源管理

建筑工程往往由于露天作业、施工周期长、施工过程复杂、参与人员多、使用设备多，因此存在多种危险源。常见的危险源主要有：触电、物体打击、高空坠物、环境污染、火灾、滑跌、爆炸等，当然，由于建筑工程的复杂性，单一的危险源很少存在，往往是各种后果的叠加，造成重大人员伤亡和财产损失、环境污染，因此，作为建筑工程的从业者，有必要了解常见的分部工程的主要危险源，如表3-1所示。

常见分部工程的主要危险源一览表　　　　　　　　　　　　表 3-1

分部工程	危险源 / 危险因素	可能导致的后果	备注
模板工程	未设置或设置的斜梯不符合规范要求	高处坠落	
	木工加工区或木料存放区无禁止烟火标志	火灾	
	未及时将模板铁钉拔掉	扎伤	
	夜间作业照明不足	多种伤害	
	场地狭小，材料堆放超高、凌乱，无消防设施	物体打击、火灾	
	拆模时，建筑物周边未设置警戒标志及专人看管	物体打击	
基础工程	基坑四周未设置栏杆或栏杆高度不符合规范	坠落	
	打桩机械电气控制箱设置不符合规范	触电	
	打桩机械倒塌	物体打击	
	基坑降水无组织排放	环境污染	
混凝土工程	高处作业未佩戴安全带或脚手架设置不合理、"四口"未设置栏杆等设施	高处坠落	
	起重机械操作不当	物体打击	
	施工现场凌乱，钢筋随意裸露	扎伤	
	用电设备电气控制箱设置不符合规范	触电	
装饰装修工程	使用不合格的装饰装修材料	环境污染	
	易燃易爆装饰装修材料未按规范施工或存放	火灾	
	施工使用小型电气设备漏电	触电	
	现场管理混乱	多种伤害	

3.1.8 施工现场安全管理

（1）认真贯彻执行《中华人民共和国安全生产法》等相关法律法规和有关安全生产管理制度。

（2）进入施工现场，必须正确佩戴安全帽，严禁酒后作业。

（3）现场施工人员要经过三级安全培训，考核合格后才能上岗。

（4）与施工无关人员严禁进入施工现场。

（5）高空作业按规定采取安全防护措施，配备相应劳动保护用品。

（6）特种作业人员持证上岗。

（7）严禁高空抛掷一切物品。

（8）施工现场危险区域设置栏杆以及警示语。

3.2　质量管理基础知识

3.2.1　质量管理

国际标准化组织给出质量管理（Quality Management）的定义是：在质量方面指挥和控制组织的协调活动。质量管理可以理解是为了实现质量目标而进行的所有管理性质的活动，一般包括质量方针、质量目标、质量策划、质量控制、质量保证、质量改进等。

3.2.2　质量管理体系

质量管理体系（Quality Management System，QMS）是指在质量方面指挥和控制组织的管理体系。质量管理体系是组织内部建立的、为实现质量目标所必需的、系统的质量管理模式，是组织的一项战略决策。

质量管理体系将资源与过程结合，以过程管理方法进行的系统管理，根据企业特点选用若干体系要素加以组合，一般包括与管理活动，资源提供，产品实现以及测量、分析与改进活动相关的过程组成。质量管理体系涵盖了从确定顾客需求、设计研制、生产、检验、销售、交付之前全过程的策划、实施、监控、纠正与改进活动的要求，一般以文件化的方式，成为组织内部质量管理工作的要求。

针对质量管理体系的要求，国际标准化组织质量管理和质量保证技术委员会制定了 ISO 9000 族系列标准，以适用于不同类型、产品、规模与性质的组织。该类标准由若干相互关联或补充的单个标准组成，其中包括《质量管理体系　要求》ISO 9001。

3.2.3　质量管理原则

在 ISO 9001 质量管理体系 2008 年版及以前的版本中，使用的质量管理八项原则。而在《质量管理体系　要求》ISO 9001：2015 中，管理原则由原来的八项管理原则转变为七项管理原则，"管理的系统方法"合并到"过程方法"原则中，以确保新的质量管理原则与时俱进。

（1）关注顾客——把顾客的满意作为核心驱动力。

（2）领导作用——以强有力的方式全面推行。

（3）全员参与——保证所有人员的工作都纳入到标准体系中去。

（4）过程方法——通过对每项工作的标准维持来保证总体质量目标的实现。

（5）改进——使 ISO 9000 体系成为一项长期的行之有效的质量管理措施。

（6）循证决策——使标准体系更具有针对性和可操作性。

（7）关系管理——将本企业标准体系的要求传达到上游供应商，并通过上游供应商的标准体系加以保证。

3.2.4　全面质量管理（Total Quality Management，TQM）

全面质量管理（TQM）是指一个组织以质量为中心，以全员参与为基础，"以客户为中心、领导重视、全员参与、全部文件化、全过程控制、预防为主、上下工序是客户、一切为用户"的管理思想和理念，目的在于通过让顾客满意和本组织所有者、员工、供方、合作伙伴或社会等相关方受益而使组织达到长期成功的一种管理途径。

全面质量管理是一种预先控制和全面控制制度，有三个核心的特征，即全员参加的质量管理、全过程的质量管理和全面的质量管理。

1. 全员参加的质量管理

全员参加的质量管理即要求全部员工，无论是高层管理者还是普通办公人员或一线工人，都要参与质量改进活动。参与"改进工作质量管理的核心机制"，是全面质量管理的主要原则之一。

2. 全过程的质量管理

全过程的质量管理必须在市场调研、产品的选型、研究试验、设计、原料采购、制造、检验、储运、销售、安装、使用和维修等各个环节中都把好质量关。其中，产品的设计过程是全面质量管理的起点，原料采购、生产、检验过程实现产品质量的重要过程，而产品的质量最终是在市场销售、售后服务的过程中得到评判与认可。

3. 全面的质量管理

全面的质量管理是用全面的方法管理全面的质量。全面的方法包括科学的管理方法、数理统计的方法、现代电子技术、通信技术等。全面的质量包括产品质量、工作质量、工程质量和服务质量。

3.2.5　全面质量管理基本方法

全面质量管理的基本方法就是 PDCA 循环。PDCA 循环又称为戴明环、持续改进螺旋，是一种持续迭代、不断完善的管理工具。它是一个不断循环前进的过程，在执行中总共分为四个环节，如图 3-1 所示。

第一环节：P 阶段即计划阶段，该阶段是要进行详细的调研、分析、思考，明确存在的问题及要达到的目标，并依据实际情况制定对策提出相应的解决方案。

第二环节：D 阶段即执行阶段，该阶段是要对第一环节中

图 3-1　PDCA 循环

形成的策划方案按照预定的计划开展实际工作从而完成前期确定的目标。

第三环节：C 阶段即检查阶段，该阶段是对前一环节实施后的效果进行采集，评估是否按照既定的计划进行，是否实现了预定目标，分析其中可能存在的不足。

第四环节：A 阶段即行动阶段，该阶段是对前面所有环节工作的集中反思复盘，对于好的反馈进行标准化，对于效果不显著的问题进行总结并为下一循环提供依据。

3.2.6　PDCA 在能源管理中的应用

PDCA 自出现以来在各行各业都得到了广泛应用，但在工业企业的应用则最为深刻和全面。20 世纪 70 年代，日本企业通过积极运用 PDCA 进行质量管理，大大提高了生产产品的质量水平，使日本一跃成为工业大国。现在 PDCA 循环已经在企业的"四新"技术研发、生产过程管理、售后管理等多个过程进行了深入应用，能源管理作为企业的一个重点管理业务也需要应用 PDCA 工具。PDCA 这种"计划—执行—检查—行动"多个过程处理的模型对于企业的用能改善有着很高的借鉴意义，在国际能源管理体系与我国能源管理体系标准中都对如何应用 PDCA 工具实现用能持续改善进行了重点阐述。

1. 策划阶段即 P 阶段。该阶段首要工作是通过对企业各项用能数据统计、现有用能制度搜集、企业能源意识访谈等路径来了解企业用能数据、能源管理现状以及存在的问题，并结合企业的发展战略来制定能源目标、能耗指标以及能源控制计划等。这个阶段的一个关键基础是企业的最高管理者要重视企业的能源管理建设并作出管理承诺。

2. 实施与执行阶段即 D 阶段。在实施和执行阶段的工作是对上一阶段确定的方案按照既定计划来执行，综合考量各种影响企业用能的因素包括人员、工艺、设备、材料等，采取管理节能、技术节能等一系列节能举措来实现节能减排的效果。

3. 检查和纠正阶段即 C 阶段。该阶段主要工作是检查能源管理是否按照既定的计划在执行，能耗指标是否达到预定的要求，着眼于每个具体的过程对用能指标进行评估。

4. 行动处理阶段即 A 阶段。该阶段主要工作是着眼于整体建设情况对建设效果进行评估，将好的结果形成管理规范标准，对没有达到预期效果的，分析其中的原因通过下一次循环进行改善。

3.2.7　质量管理工具

质量管理工具有"老七种工具"和"新七种工具"之分，"新七种工具"为关联图法、KJ 法、系统图法、矩阵图法、数据矩阵分析法、PDPC 法以及箭线图法。

每一种方法都有其特点，在整理问题时可以用关联图法和 KJ 法；展开方针目标时，可用系统图法、矩阵图法和数据矩阵分析法；安排时间进度时，可用 PDPC 法和箭线图法。

"新七种工具"的提出不是对"老七种工具"的替代而是对它的补充和丰富。"老七种工具"的特点是强调用数据说话，重视对制造过程的质量控制；而"新七种工具"则基本是整理、分析语言文字资料（非数据）的方法，着重用来解决全面质量管理中 PDCA 循环的 P（计划）阶段的有关问题。因此，"新七种工具"有助于管理人员整理问题、展开方针目标和安排时间进度。

3.3 环境保护基础知识

建筑工程行业就是人们为了满足自身对居住条件和工作、交通条件以及其他物质条件的需要而进行的生产经济活动。建筑材料在生产的过程中需要消耗自然资源，比如混凝土的生产就需要消耗大量的石灰石资源，而石灰石的开采本身就容易造成粉尘污染，所使用的水泥在生产过程中产生大量二氧化碳和氮化物、硫化物造成空气污染，也可能造成水体污染；建筑施工过程会产生建筑垃圾污染环境，产生大量粉尘污染空气，也可能污染水体；建筑产品在运行过程中需要大量电力，而电力的生产需要消耗大量的能源，对环境造成极大的影响，这也是我国提出"碳达峰、碳中和"的历史背景。

3.3.1 环境保护基本原则

1.环境保护与经济建设、社会发展相协调的原则

环境保护应与经济建设和社会发展统筹规划、协调发展，实现经济效益、社会效益和环境效益的统一。

2.预防为主、防治结合、综合治理的原则

在环境保护工作中，应通过计划、规划以及各种预防措施，以防止环境问题的产生和恶化，或者把环境污染和破坏控制在能够维持生态平衡、保护人体健康和社会物质财富及保障经济、社会持续发展的限度之内，并对已经造成的环境污染和破坏进行积极治理。

3.污染者负担、利用者补偿、开发者养护、破坏者恢复的原则

"污染者负担"是指污染环境造成的损失及治理污染的费用应当由排污者承担；"利用者补偿"是指开发利用环境资源者，应当按照国家规定承担经济补偿的责任；"开发者养护"是指开发利用环境资源者，不仅有依法开发自然资源的权利，同时还有保护环境资源的义务；"破坏者恢复"是指因开发环境资源造成环境资源破坏的单位和个人，对其负有恢复整治的责任。

4.公众参与原则

应当发动和组织广大群众参与环境管理，并对污染、破坏环境的行为依法进行监督。

3.3.2 建筑工程污染与防治

1.建筑工程大气污染物及其防治

大气污染物是指由于人类活动或自然过程排入大气，并对人和环境产生有害影响的物质，常见的建筑物大气污染物主要有：

（1）运输工具燃料燃烧产生的污染物，如硫化物、氮氧化物、碳氧化物等。

（2）施工过程中产生的降尘、飘尘、总悬浮颗粒物，如 $PM_{2.5}$ 细颗粒物等。

2. 针对气体污染物，主要的防治措施有：

（1）综合利用区域环境的自净能力，减少大气污染的防治成本。

（2）改变燃料结构，开发新能源；或者采取脱硫脱硝等技术措施，减少硫化物、氮氧化物的排放量。

（3）对建筑工程全过程进行控制，健全污染物全天候监测，加强对 $PM_{2.5}$ 等细颗粒物的控制，采取淋水等抑尘措施，对运输车辆加强覆盖，同时加强对运输车辆的清洗。

3. 建筑工程水污染物及其防治

建筑工程常见的水污染主要有：

（1）化学污染物，如混凝土使用的各种减水剂、施工过程使用的各种油脂、混凝土脱模用的隔离剂等都会引起水体污染。

（2）物理污染物，如施工过程产生的悬浮物。

（3）生活性污染，如施工生活区的生活污水。

针对水体污染，主要的防治措施有：

（1）减少耗水量，通过合适的技术，减少施工过程的用水量。

（2）水循环使用，可以通过建立沉降池，做到水的循环使用。

（3）加强水污染管理，可以通过接入城市污水处理系统，减少污水的无组织排放。

4. 固体废弃物及其防治

固体废弃物，也称废物，是指人类在生产、加工、流通、消费和生活过程中利用完其使用价值后丢弃的固体状或泥浆状的物质。建筑工程常见的固体废弃物主要有：

（1）施工过程中产生的建筑材料废料，如混凝土、陶瓷、砂石、纤维等。

（2）土方工程产生的弃土。

（3）拆除工程产生的渣土、废弃混凝土、废砖等。

（4）地下工程产生的泥浆或河流治理工程产生的污泥。

（5）城市垃圾。

针对建筑过程产生的固体废弃物，防治措施主要有：

（1）坚持无害化、减量化、资源化的原则，变废为宝。

（2）可以通过分选，将固体废弃物根据资源化程度大小，分类使用，比如破碎后可以做再生混凝土骨料、筑路材料或者再生砖，轻质材料可以做燃料。

（3）城市垃圾可以焚烧发电或者做肥料。

3.4　消防基础知识

为了保障人民群众的生命安全和财产安全，国家制定了相关的法律法规，如《中华人民共和国消防法》《高层民用建筑消防安全管理规定》等，对推进我国消防事业的科学发展、维护公共安全、促进社会和谐起到了积极的作用。建筑行业的消防，主要包括消防设计、运行、管理等环节。在设计阶段，要根据建筑产品的功能、建筑形式、建筑面积做好消防设备的选择、消防方式的选择；在施工阶段，做好施工现场消防措施的宣贯、执行、检查等工作；在运维阶段，要加强管理，维护好消防设施的使用。

3.4.1　消防管理原则

1. 谁主管谁负责的原则

即一个地区、一个系统、一个单位的消防安全要由本地区、本系统、本单位负责。

2. 依靠群众的原则

消防工作只有依靠群众，调动广大人民群众的积极性，才能使消防工作社会化，其基础是做好群众工作。

3. 依法管理的原则

消防管理要依照国家立法机关和行政机关制定的法律、法规、规章，对单位消防安全进行管理，违法需要承担相应的法律责任。

4. 科学管理的原则

运用科学的理论，规范管理系统的机构设置、管理程序、方法途径、规章制度、工作方法，从而有效地实施管理，提高管理效率。

5. 综合治理的原则

消防安全管理不能单靠一个部门，也不能用一种手段，要与行业、单位的整体管理统一起来；同时，要运用行政手段，法律、经济、技术和思想教育的手段；管理中要考虑各种有关的安全因素，进行综合治理。

3.4.2　火灾发生常见原因

火灾发生常见原因有：电器着火、吸烟、生活用火不慎、生产作业不慎、玩火、放火、雷击等。

3.4.3　灭火常见的方法

1. 冷却灭火：水基型灭火器，水喷雾灭火系统。

2. 隔离灭火：自动喷水泡沫联用系统。

3. 窒息灭火：一般氧浓度低于15%时，就不能维持燃烧。窒息法灭火常采用的灭火剂一般有二氧化碳、氮气、水蒸气等。此外，还可以采用水喷雾灭火系统。

4. 化学抑制灭火：化学抑制灭火的灭火剂常见的有干粉和七氟丙烷。

3.4.4　常见爆炸危险源

1. 直接原因：包括物料原因，作业行为原因，生产设备、生产工艺、人为破坏以及自然原因（如地震、雷击）等。

2.引火源：包括机械、摩擦等机械火源；热火源和电火源；明火等。

3.4.5　建筑工程消防管理

1.严格遵守执行有关消防管理的法律法规和规章制度。

2.认真贯彻"预防为主、防消结合"的安全方针，建立健全领导管理机构。

3.禁止无关人员进入施工现场。

4.施工现场严禁吸烟。

5.配备满足要求、有效的消防器材，并经常进行维护。

6.严格动火制度的审批手续。

7.坚持用电管理。

8.按规定进行火灾应急演练。

9.任何情况下不得占用消防通道。

3.5　职业健康基础知识

企业应对工作人员和可能受其活动影响的其他人员的职业健康安全负责，包括促进和保护他们的生理和心理健康。

在职业健康安全领域，国家专门制定了一系列职业健康安全相关的法律法规，如《劳动法》《安全生产法》《职业病防治法》《消防法》《道路交通安全法》《矿山安全法》等。这些法律法规所确立的职业健康安全制度和要求是企业建立和保持职业健康安全管理体系所必须考虑的制度、政策和技术背景。

3.5.1　职业病预防与控制原则

坚持三级预防的原则。

1.一级预防，是从根本上杜绝职业病危害因素对人的作用，即改进生产工艺和生产设备，合理利用防护设施及个人防护用品，以减少从业人员接触的机会和程度。

2.二级预防，是早期检测和发现人体受到职业病危害因素所致的疾病。

3.三级预防，是在患职业病以后，合理进行康复治疗，包括对职业病病人的保障，对疑似职业病病人进行诊断。

第一级预防是理想的方法，针对整体的或选择的人群，对人群健康和福利状态起根本的作用，一般比二级和三级预防的投入要小，而且效果较好。

3.5.2　建筑工程职业病危害因素

1.粉尘。建筑工程施工过程中会产生大量的粉尘，尤其是较小颗粒的粉尘，对人体的危害更大，如 $PM_{2.5}$ 细颗粒物。

2. 化学性毒物。建筑工程的施工过程，经常会涉及化学品，其中部分化学品是有毒有害物质，如水溶性六价铬；同时，也会发生食物中毒等危害。

3. 噪声。建筑工程施工过程中，会产生诸如空气动力噪声、机械性噪声以及电磁噪声，严重时会影响人的听力。

4. 振动。在建筑工程的施工过程中，从业人员经常会承受来自因设备振动而产生的手臂疾病。

5. 电磁辐射和电离辐射。电磁辐射包括高频作业、红外线辐射、紫外线辐射、激光辐射。

6. 异常气象条件。包括高温和低温、干燥和潮湿、大风、低气压以及热辐射。

3.5.3 建筑工程职业病危害控制

1. 工程技术措施

利用工程技术的措施和手段（如密闭、通风、冷却、隔离等），控制施工过程中产生或存在的职业病危害因素的浓度和强度，使作业环境中有害因素的浓度和强度降低到国家职业卫生标准允许的范围内。

2. 个体防护措施

为避免对劳动者造成健康损害，组织要为劳动者配备有效的个体防护用品。比如耳塞、防尘口罩等。

3. 制定组织管理制度

在施工过程中，加强组织与管理也是职业病危害控制工作的重要一环，组织通过建立健全职业病危害预防控制规章制度，确保职业病危害预防控制有关要素的良好与有效运行，是保障劳动者职业健康的有效手段，也是实现组织经济目标的有效手段。

3.5.4 建筑工程职业健康管理措施

1. 加强材料和设备的管理。建立材料和设备的管理制度，尤其是易燃易爆、有危害性气味的原材料的保管和领用制度，要严格按照标准规范。

2. 对危险作业场所进行有效管理，配备必要的防护与监测设施。首先，识别危险作业场所的危险源；其次，配备必要的防护和监测设备；最后，加强日常的管理。

3. 按相关规定，对作业场所危害因素进行检测。对危险场所的危险源的各项危险参数，如浓度、压力、温度、湿度等进行检测，与规范进行对比，把危险隐患消灭在萌芽状态。

4. 加强防护设备和个人防护用品的管理。为从业人员配备必要的防护设备和防护用品，如安全帽、安全带，设置防护栏杆等，确保监测和控制防护设备设施的功能完好，加强从业人员的每年以及聘用、离职的健康体检。

5. 在相关区域设置标识，做好告知义务。在相关危险区域，按照国家规范设置警示标志；对从事有危险性和伤害性从业者做好告知，并做好教育和预防。

6. 按照《职业病防治法》要求，定期组织员工进行健康监护。根据从业人员工作的区域、工作性质、工作环境，按照规定的频次和检测项目，做好从业者的健康体检，发现问题及时治疗或者调离原岗位。

7. 加强职业卫生培训。加强从业人员的职业卫生教育，使其养成良好的工作和生活习惯，避免或者减少职业卫生事故的发生。

8. 制定发生职业健康事故时的应急预案，并进行演练，制定事故的报告和处理制度。建设单位按照国家相关规定，根据自身具体情况，制定切实可行的应急预案，按规定组织相关人员进行演练，通过演练发现存在的问题，进而修改完善应急预案；同时，也可以通过演练，加强人员应对事故的反应能力，从而减少事故发生时造成的损失。要明确事故的报告和处理制度，既要处理责任者，又要防微杜渐，避免事故的再次发生。

第4章 能源管理基础知识

4.1 能源管理范围

能源管理（Energy Management）从管理范围上区分有广义和狭义两种概念。广义上的能源管理既包含能源消费又包含能源产出，是对能源的生产、分配、转换和消耗的全业务流程进行科学的计划与管理。狭义上的能源管理则只关注能源的消耗过程，它包含能耗预测、用能管控和绩效评定等环节。

从管理者角度上区分又可以分为宏观管理与微观管理。宏观管理是指以政府主导的对能源的生产及消费两个过程的全面管理工作，以政府的宏观政策要求为主体。微观管理是指企业自身对能源供给与消费的全过程管理，以企业内部能源管控为主体。在能源治理上宏观管理与微观管理是相互配合，缺一不可的。

4.2 能源管理方法

能源管理的最终目标是节能减排，因此必须要采取有效的方法。实施能源管理的方法有很多种，最重要的首先是要建立能源管理体系，包括建立能源管理中心，利用合同进行能源管理、对能源进行审计、建立能效对标等，这些对加强能源管理工作、节能减排都会有一定的促进作用，如果能将这些方法组合使用或同时应用，其使用效率将会成倍地增长。

4.3 能源管理体系

单一应用节能技术进行节能并不能从根本上解决能源浪费问题，只有通过系统性的方案才能解决问题。能源管理体系注重过程控制的建立和实施，通过日常用能监测、异常检查、能效标杆、能源消耗计量、能源平衡统计、能耗同环比等方式发现企业的用能问题并进行改善，不断提高能源管理体系的有效性，实现能源消耗指标或使用目标。

能源管理体系的核心目标是通过体系标准规范用能、提高用能效率、减少能源浪费、降低污染物排放，达到先进的能源消耗指标。

能源管理体系管理机制是在实施过程中既要追求满足能源建设目标，又要根据企业的实际情况不断调整目标，强调的是全员参与、不断挖掘节能潜力、持续改进与完善。

4.4 能源管理中心

能源管理中心是指采用自动化、信息化技术和集中管理模式对企业能源系统的生产、输配和消耗环节实施集中扁平化的动态监控和数字化管理，改进和优化能源平衡，实现系统性节能降耗的管控一体化系统。

能源管理中心是达到节能减排目标的重要环节，也是通过信息化指导政府决策的重要系统，是由政府主导、企业运营的为政府和社会服务的第三方服务系统。从系统结构上讲应充分利用政府信息化平台，共享电、水、暖、燃气等能源供应数据信息，实现对能源的安全、合理、高效的应用。

4.5 合同能源管理

4.5.1 合同能源管理的概念

合同能源管理又称能源合同管理，是一种减少能源成本的财务管理方法。合同能源管理公司的经营机制是一种节能投资服务管理，客户见到节能效益后，合同能源管理公司才与客户共同分享节能成果，取得双赢的效果。基于这种机制运作的专业化"节能服务公司"（在国外简称 ESCO，国内简称 EMCo）的发展十分迅速，尤其是在美国、加拿大和欧洲，ESCO 已发展成为一种新兴的节能产业。

4.5.2 合同能源管理的内容

EMCo 一般向客户提供的节能服务主要包括以下内容：

1. 能源审计

EMCo 针对客户的具体情况，测定客户当前用能量和用能效率，提出节能潜力所在，并对各种可供选择节能措施的节能量进行预测。

2. 节能改造方案设计

根据能源审计的结果，EMCo 根据客户的能源系统现状提出如何利用成熟的节能技术来提高能源利用效率、降低能源成本的方案和建议。如果客户有意向接受 EMCo 提出的方案和建议，EMCo 就可以为客户进行项目设计。

3. 施工设计

在合同签订后，一般由 EMCo 组织对节能项目进行施工设计，对项目管理、工程时间、资源配置、预算设备和材料的进出协调等进行详细的规划，确保工程顺利实施并按期完成。

4. 节能项目融资

EMCo 向客户的节能项目投资或提供融资服务，EMCo 可能的融资渠道有：EMCo 自有资金，银行商业贷款，从设备供应商处争取到的最大可能的分期支付以及其他政策性的资助。当 EMCo 采用通过银行贷款方式为节能项目融资时，EMCo 可利用自身信用获得商业贷款，也可利用政府相关部门的政策性担保资金为项目融资提供帮助。

5. 原材料和设备采购

EMCo 根据项目设计的要求负责原材料和设备的采购，所需费用由 EMCo 筹措。

6. 施工、安装和调试

根据合同，由 EMCo 负责组织项目的施工、安装和调试。通常，由 EMCo 或其委托的其他有资质的施工单位来进行。由于施工是在客户正常运转的设备或生产线上进行，因此，要求施工必须尽可能不干扰客户的运营，而客户也应为施工提供必要的条件和方便。

7. 运行、保养和维护

设备的运行效果将会影响预期的节能量，因此，EMCo 应对改造系统的运行管理和操作人员进行培训，以保证达到预期的节能效果。此外，EMCo 还要负责组织安排好改造系统的管理、维护和检修。

8. 节能量监测及效益保证

EMCo 与客户共同监测和确认节能项目在合同期内的节能效果，以确认合同中确定的节能效果是否达到。另外，EMCo 和客户还可以根据实际情况采用"协商确定节能量"的方式来确定节能效果，这样可以大大简化监测和确认工作。

9. EMCo 收回节能项目投资和利润

对于节能效益分享项目，在项目合同期内，EMCo 对与项目有关的投入（包括土建、原材料、设备、技术等）拥有所有权，并与客户分享项目产生的节能效益。在 EMCo 的项目资金、运行成本、所承担的风险及合理的利润得到补偿之后（即项目合同期结束），设备的所有权一般将转让给客户。客户获得高能效设备和节约能源的成本，并享受 EMCo 所留下的全部节能效益。

4.6 能源审计

4.6.1 能源审计的概念

能源审计是指用能单位自己或委托从事能源审计的机构，根据国家节能法规和标准，对能源使用的物理过程和财务过程进行检测、核查、分析和评价的活动。

4.6.2 能源审计的类型

1. 初步能源审计

进行能源审计的对象比较简单，花费时间较短，通常只做初步能源审计。这种审计的要求只是通过对现场和现有历史统计资料的了解，对能源使用情况做一般性的调查。

初步能源审计一方面可以找出明显的节能潜力以及在短期内就可以提高能源效率的简单措施，同时也为下一步全面能源审计奠定基础。

2. 全面能源审计

这个阶段对用能系统进行深入全面的分析与评价，需要用能单位有比较健全的计量设施，或者在全面审计前安装必要的计量表，全面地采集企业的用能数据，必要时还需进行用能设备的测试工作，以补充一些重要数据，对重点用能设备或系统进行节能分析，寻找可行的节能项目，提出节能技改方案，并对方案进行经济、技术及环境评价。

3. 专项能源审计

专项能源审计是对初步审计中发现的重点能耗环节，针对性地进行能源审计。在初步能源审计基础上，进一步对其进行封闭测试计算和审计分析，查找出浪费原因，提出节能技改措施，并进行定量的经济技术评价分析。

4.7　能效对标

4.7.1　能效对标的概念

能效对标是指企业为提高能效水平，与国际或国内同行业先进企业能效指标进行对比分析，确定本企业的能效指标，通过节能管理和技术措施，达到能效标杆指标或更高能效指标水平的能源管理活动。

4.7.2　能效对标的实施

企业能效对标工作的实施分为六个步骤：现状分析、选定标杆、对标比较、对标实践、指标评估、持续改进（图 4-1）。

图 4-1　企业能效对标工作六个步骤

1. 现状分析

企业首先要对自身能源利用状况进行深入分析，充分掌握本企业各类能效指标的基本情况，而后结合企业能效审计报告、企业中长期发展计划，确定需要通过能效对标活动提高的产品单耗或工序能耗。

2. 选定标杆

企业根据确定的能效水平对标活动内容，结合自身实际情况，选定标杆企业。企业选择的标杆企业应坚持国内外一流水平为导向，通过对标活动最终达到国内领先或国际先进水平。

3. 对标比较

通过与标杆企业展开交流、学习等活动，总结标杆企业在管理上的先进方法，结合企业实际条件，制定出切实可行的对标指标、改进方案和实施进度计划等。

4. 对标实践

企业根据改进方案和实施进度计划，将改进指标进行分解落实，体现出对标活动的全过程性和全面性。在对标实践过程中，企业应修订完善规章制度，优化人力资源，强化能源计量器具配备，加强用能设备监测和管理，落实节能技术改造措施。

5. 指标评估

企业就某一阶段能效水平对标活动成效进行评估，对指标改进措施和方案的科学性、有效性进行分析，撰写评估分析报告。

6. 持续改进

企业将实践过程中形成的行之有效的措施、制度等进行总结，制定下一阶段能效水平对标活动计划，将能效水平对标活动深入持续地开展下去。

第5章　相关法律法规知识

5.1　国际应对气候变化的公约

碳金融（低碳经济投融资活动）的产生和发展有三个重要的国际法基础文件，即《联合国气候变化框架公约》《京都议定书》和《巴黎协定》（表5-1）。《联合国气候变化框架公约》是规制全球碳减排活动的总指导规制，而《京都议定书》为碳交易机制的产生提供了直接的依据和强动力，《巴黎协定》则是取代京都议定书，期望能共同遏阻全球变暖趋势，为2020年后全球应对气候变化行动作出安排。

碳排放相关国际法一览表　　　　　　　　　　　表5-1

序号	名称	适用范围	定位	通过时间
1	联合国气候变化框架公约	全球	全球碳减排活动的总指导规制	1992年
2	京都议定书	全球	首次以国际性法规的形式限制温室气体排放，是碳交易机制的产生提供了直接的依据和强动力	1997年
3	巴黎协定	全球	取代京都议定书，期望能共同遏阻全球变暖趋势，为2020年后全球应对气候变化行动作出安排	2015年

5.1.1　《联合国气候变化框架公约》

《联合国气候变化框架公约》（United Nations Framework Convention on Climate Change，UNFCCC）是指联合国大会于1992年5月9日通过的一项公约。公约由序言及26条正文组成，具有法律约束力，终极目标是将大气温室气体浓度维持在一个稳定的水平，在该水平上人类活动对气候系统的危险干扰不会发生。根据"共同但有区别的责任"原则，公约对发达国家和发展中国家规定的义务以及履行义务的程序有所区别，要求发达国家作为温室气体的排放大户，采取具体措施限制温室气体的排放，并向发展中国家提供资金以支付他们履行公约义务所需的费用。而发展中国家只承担提供温室气体源与温室气体汇的国家清单的义务，制订并执行含有关于温室气体源与汇方面措施的方案，不承担有法律约束力的限控义务。公约建立了一个向发展中国家提供资金和技术，使其能够履行公约义务的机制。截至2016年6月，加入该公约的缔约国共有197个。我国于1992年11月7日经全国人大常委会批准《联合国气候变化框架公约》，该公约自1994年3月21日对我国生效。

5.1.2 《京都议定书》

《京都议定书》全称是《联合国气候变化框架公约京都议定书》，是 1997 年在日本京都召开的《联合国气候变化框架公约》第三次缔约方大会上通过的，旨在限制发达国家温室气体排放量以抑制全球变暖的国际性公约。

《京都议定书》首次以国际性法规的形式限制温室气体排放。《京都议定书》需由占全球温室气体排放量 55% 以上并且至少 55 个国家批准之后，才能具有法律约束力。《京都议定书》于 2005 年 2 月生效。中国于 1998 年 5 月签署，并于 2002 年 8 月核准了《京都议定书》。《京都议定书》的目标是在 2008 年至 2012 年间的第一承诺期，所有发达国家的二氧化碳等 6 种温室气体排放量比 1990 年减少 5.2%，其中欧盟削减 8%、美国削减 7%、日本削减 6%、加拿大削减 6%、东欧各国削减 5% 至 8%，新西兰、俄罗斯和乌克兰可将排放量稳定在 1990 年水平上。议定书同时允许爱尔兰、澳大利亚和挪威的排放量比 1990 年分别增加 10%、8% 和 1%。而议定书对包括中国在内的发展中国家并没有规定具体的减排义务。

《京都议定书》建立了三种旨在减排温室气体的灵活合作机制：国际排放贸易机制（International Emissions Trading，IET）、联合履约机制（Joint Implementation，JI）和清洁发展机制（Clean Development Mechanism，CDM）。其中，IET、JI 两种机制是发达国家之间实行的减排合作机制，CDM 是发达国家与发展中国家之间的减排机制，主要是由发达国家向发展中国家提供额外的资金或技术，帮助实施温室气体减排。

5.1.3 《巴黎协定》

2015 年 12 月 12 日，195 个国家在《联合国气候变化框架公约》第 21 次缔约方会议巴黎大会上通过该协定。这是国际社会在气候问题上多年博弈后产生的应对全球气候变化新协议，是继 1992 年《联合国气候变化框架公约》、1997 年《京都议定书》之后，人类历史上应对气候变化的第三个里程碑式的国际法律文本，形成 2020 年后的全球气候治理格局。

《巴黎协定》于 2016 年 11 月 4 日正式生效。《巴黎协定》的生效填补了《京都议定书》第一承诺期 2012 年到期后一直存在的空白，使得国际上又有了一个具有法律约束力的气候协议。

《巴黎协定》规定，发达国家应为发展中国家提供资金、技术等方面的支持。特别是发达国家曾经承诺，到 2020 年要实现每年向发展中国家提供 1000 亿美元应对气候变化支持资金的目标。

《巴黎协定》还规定，从 2023 年开始，每 5 年将对全球行动总体进展进行一次盘点。比如中美两个大国都做出了自己的减排承诺：中国提出二氧化碳排放 2030 年左右达到峰值，并争取尽早达峰，单位国内生产总值二氧化碳排放比 2005 年下降 60% 至 65% 等自主行动目标；美国承诺到 2025 年在 2005 年的基础上减排温室气体 26% 至 28%。

《巴黎协定》的最大贡献在于明确了全球共同追求的"硬指标"。协定指出，各方将加强对气候变化威胁的全球应对，把全球平均气温较工业化前水平升高控制在 2℃之内，并为把升温控制在 1.5℃之内努力。只有全球尽快实现温室气体排放达到峰值，21 世纪下半叶实现温室气体净零排放，才能降低气候变化给地球带来的生态风险以及给人类带来的生存危机。

《巴黎协定》将世界所有国家都纳入了呵护地球生态确保人类发展的命运共同体当中。《巴黎协定》在联合国气候变化框架下，在《京都议定书》、"巴厘路线图"等一系列成果基础上，按照共同但有区别的责任原则、公平原则和各自能力原则，进一步加强联合国气候变化框架公约的全面、有效和持续实施。

《巴黎协定》推动各方以"自主贡献"的方式参与全球应对气候变化行动，积极向绿色可持续的增长方式转型，避免过去几十年严重依赖石化产品的增长模式继续对自然生态系统构成威胁。《巴黎协定》促进发达国家继续带头减排并加强对发展中国家提供财力支持，在技术周期的不同阶段强化技术发展和技术转让的合作行为，帮助后者减缓和适应气候变化。《巴黎协定》通过市场和非市场双重手段，进行国际合作，通过适宜的减缓、顺应、融资、技术转让和能力建设等方式，推动所有缔约方共同履行减排贡献。此外，根据《巴黎协定》的内在逻辑，在资本市场上，全球投资偏好未来将进一步向绿色能源、低碳经济、环境治理等领域倾斜。

5.1.4　碳边境调节机制（CBAM）

2019 年 12 月欧盟推出绿色新政计划，其首要任务就是将欧洲变成第一个气候中和大陆，但欧盟与其他国家不对称减排力度会带来两方面的问题：一是碳泄漏问题，严格减排政策国家的减排行动可能导致碳排放转移到宽松减排政策国家，抵消减排行动带来的收益；二是竞争力损失问题，强减排力度国家的高碳企业因承受更高的环境成本而在贸易中丧失竞争力。为避免碳泄漏并创造一个公平竞争的环境，欧盟在绿色新政计划中提出实施碳关税计划，即碳边境调节机制（CBAM），也被称作碳边境调节税，是指在实施严格的气候政策的基础上，要求进口或出口的高碳产品缴纳或退还相应的税费或碳配额。

截至目前 CBAM 有三个版本，第一个是欧盟委员会拟定的草案，CBAM 过渡期是 2023 ～ 2025 年，实施时间是 2026 年，主要征收行业是水泥、电力、钢铁、铝、化肥，2035 年扩展到欧盟碳市场覆盖的所有行业；第二个 CBAM2.0 过渡期是 2023 ～ 2024 年，实施时间是 2025 年，主要征收行业包括水泥、电力、钢铁、铝、化肥、有机化工、塑料、氢、氨，2030 年扩展到欧盟碳市场覆盖的所有行业；第三个 CBAM3.0 过渡期是 2023 ～ 2026 年，具体实施期是 2027 年，主要征收行业包括水泥、电力、钢铁、铝、化肥、有机化工、塑料、氢、氨，2032 年之前扩展到欧盟碳市场覆盖的所有行业。

5.2 我国应对气候变化的政策法规

5.2.1 碳达峰碳中和 "1+N" 政策体系

积极应对气候变化，事关我国经济社会发展全局和人民群众切身利益，事关人类生存和各国发展。长期以来，我国十分重视应对气候变化工作。1992 年 6 月我国政府签署了《联合国气候变化框架公约》，同年底全国人大常委会正式批准。全国人大常委会先后制定和修订了节约能源法、可再生能源法、循环经济促进法、清洁生产促进法、森林法、草原法等一系列与应对气候变化相关的法律。我国政府制定了应对气候变化国家方案，明确了应对气候变化基本原则、具体目标、重点领域、政策措施和步骤，完善了应对气候变化的工作机制，实施了一系列应对气候变化的行动，为保护全球气候作出了积极贡献。同时，我国构建了碳达峰碳中和 "1+N" 政策体系。其中，"1" 包括《中共中央 国务院关于完整准确全面贯彻新发展理念做好碳达峰碳中和工作的意见》《2030 年前碳达峰行动方案》两个顶层设计文件。"N" 包括能源、工业、交通运输、城乡建设、农业农村等重点领域碳达峰实施方案，煤炭、石油天然气、钢铁、有色金属、石化化工、建材等重点行业碳达峰实施方案，以及科技支撑、财政支持、绿色金融、绿色消费、生态碳汇、减污降碳、统计核算、标准计量、人才培养、干部培训等碳达峰碳中和支撑保障方案（图 5-1）。

国家和各省市自治区也陆续出台了相关政策法规，稳步推进碳达峰碳中和目标实现（表 5-2）。

5.2.2 碳排放权交易管理暂行办法

2014 年 12 月，国家发展改革委发布《碳排放权交易管理暂行办法》（中华人民共和国国家发展和改革委员会令第 17 号）。该办法共 7 章 48 条，有如下特点：

1. 办法属于国务院部门规章，是我国第一份国家碳市场的正式文件。

2. 实行两级管理，分为国务院碳交易主管部门和省级碳交易主管部门。

图 5-1 碳达峰碳中和 "1+N" 政策体系示意

碳排放相关国内法律法规一览表　　　　　　　　　　表 5-2

序号	名称	适用范围	定位	发布时间
1	碳排放权交易管理暂行办法	中国	中国第一份国家碳市场的正式文件	2014 年
2	碳排放权交易管理办法（试行）	中国	中国全国统一碳排放权交易的正式文件	2020 年
3	北京市碳排放权交易管理办法（试行）	北京	北京碳排放权益交易的正式文件	2014 年
4	广东省碳排放管理试行办法	广东	明确当地年度碳排放总量和强度控制目标	2014 年
5	广东省碳普惠交易管理办法	广东	成熟的碳普惠项目申报、交易、管理文件	2022 年

3. 地方行业覆盖范围具有灵活性，可大于国家标准。

4. 国家和地方配额总量由国家发展改革委确定。国家配额总量等于地方配额总量之和加国家预配额，预配额主要用于新入预留和市场调节。

5. 配额分配以免费为主，配额分配方法标准由国家发展改革委统一确定，地方可在此基础上从严分配；如从严，则地方配额总量将产生多余配额，可由地方进行有偿分配。

6. 碳排放权交易机构由国家发展改革委负责确定并对其业务实施监督。交易原则上应在确定的交易机构内交易。

7. 排放报告和核查由省级发展改革委管理，不过核查机构资质由国家进行管理。

8. 市场调节机制由国家统一建立和管理。

5.2.3　碳排放权交易管理办法（试行）

2020 年 12 月，生态环境部发布《碳排放权交易管理办法（试行）》。办法共有 8 章 43 条，核心要点有：

1. 办法属于国务院部门规章，是我国全国统一碳排放权交易的正式文件。

2. 办法适用于全国碳排放权交易及相关活动，包括碳排放配额分配和清缴，碳排放权登记、交易、结算，温室气体排放报告与核查等活动，以及对前述活动的监督管理。

3. 生态环境部按照国家有关规定建设全国碳排放权交易市场。全国碳排放权交易市场覆盖的温室气体种类和行业范围，由生态环境部拟订，按程序报批后实施，并向社会公开。

4. 生态环境部按照国家有关规定，组织建立全国碳排放权注册登记机构和全国碳排放权交易机构，组织建设全国碳排放权注册登记系统和全国碳排放权交易系统。

5. 全国碳排放权注册登记机构通过全国碳排放权注册登记系统，记录碳排放配额的持有、变更、清缴、注销等信息，并提供结算服务。全国碳排放权注册登记系统记录的信息是判断碳排放配额归属的最终依据。全国碳排放权交易机构负责组织开展全国碳排放权集中统一交易。全国碳排放权注册登记机构和全国碳排放权交易机构应当定期向生态环境部报告全国碳排放权登记、交易、结算等活动和机构运行有关情况，以及应当报告的其他重大事项，并保证全国碳排放权注册登记系统和全国碳排放权交易系统安全稳定可靠运行。

6. 生态环境部负责制定全国碳排放权交易及相关活动的技术规范，加强对地方碳排放配额分配、温室气体排放报告与核查的监督管理，并会同国务院其他有关部门对全国碳排放权交易及相关活动进行监督管理和指导。省级生态环境主管部门负责在本行政区域内组织开展碳排放配额分配和清缴、温室气体排放报告的核查等相关活动，并进行监督管理。设区的市级生态环境主管部门负责配合省级生态环境主管部门落实相关具体工作，并根据本办法有关规定实施监督管理。

7. 温室气体排放单位符合下列条件的，应当列入温室气体重点排放单位名录：（1）属于全国碳排放权交易市场覆盖行业；（2）年度温室气体排放量达到 2.6 万吨二氧化碳当量。

8. 纳入全国碳排放权交易市场的重点排放单位，不再参与地方碳排放权交易试点市场。

9. 碳排放配额分配以免费分配为主，可以根据国家有关要求适时引入有偿分配。

10. 重点排放单位应当在全国碳排放权注册登记系统开立账户，进行相关业务操作。

11. 重点排放单位以及符合国家有关交易规则的机构和个人，是全国碳排放权交易市场的交易主体。

12. 重点排放单位应当根据生态环境部制定的温室气体排放核算与报告技术规范，编制该单位上一年度的温室气体排放报告，载明排放量，并于每年 3 月 31 日前报生产经营场所所在地的省级生态环境主管部门。排放报告所涉数据的原始记录和管理台账应当至少保存五年。

13. 省级生态环境主管部门应当组织开展对重点排放单位温室气体排放报告的核查，并将核查结果告知重点排放单位。核查结果应当作为重点排放单位碳排放配额清缴依据。省级生态环境主管部门可以通过政府购买服务的方式委托技术服务机构提供核查服务。技术服务机构应当对提交的核查结果的真实性、完整性和准确性负责。

14. 重点排放单位应当在生态环境部规定的时限内，向分配配额的省级生态环境主管部门清缴上年度的碳排放配额。清缴量应当大于等于省级生态环境主管部门核查结果确认的该单位上年度温室气体实际排放量。

15. 重点排放单位每年可以使用国家核证自愿减排量抵销碳排放配额的清缴，抵销比例不得超过应清缴碳排放配额的 5%。相关规定由生态环境部另行制定，用于抵销的国家核证自愿减排量，不得来自纳入全国碳排放权交易市场配额管理的减排项目。

5.2.4　北京市碳排放权交易管理办法（试行）

北京市在 2014 年发布了《北京市碳排放权交易管理办法（试行）》，2022 年进行了修订，并于 2022 年 10 月公布了《北京市碳排放权交易管理办法（修订）》（征求意见稿）。征求意见稿共 7 章 36 条，主要内容有：

1. 市政府生态环境主管部门根据本市社会经济和生态环境规划组织设立年度碳排放总量和强度控制目标、严格碳排放管理，确定碳排放单位的减排义务、完善市场机制，推动实现碳排放总量和强度"双控"目标。

2. 北京市行政区域内年能源消耗 2000 吨标准煤（含）以上的法人单位应当报送年度排放报告。其中，年度二氧化碳排放量达到 5000 吨（含）以上、属于已发布碳排放权报告方法和配额分配方法的行业，应当列入二氧化碳重点排放单位；未纳入重点碳排放单位的，列入一般报告单位名单。

3. 北京市对重点碳排放单位的二氧化碳排放实行配额管理。重点碳排放单位应在配额许可范围内排放二氧化碳。一般报告单位和其他自愿参与碳排放权交易的，参照重点碳排放单位进行管理。

4. 北京市根据年度碳排放强度和总量控制目标确定碳排放权交易市场配额总量，将不超过年度配额总量的 5% 作为价格调节储备配额。

5. 碳交易主体包括重点碳排放单位、其他符合条件的组织。生态环境、金融等碳排放权交易主管部门，交易机构、核查机构及其工作人员，不得参与交易活动。交易产品则包括北京市碳排放配额、经北京市认定的碳减排量，以及北京市探索创新的碳排放交易相关产品。在碳交易中，交易机构应建立健全信息披露制度，及时公布碳排放权交易市场相关信息，加强对交易活动的风险控制和内部监督管理，组织并监督交易、结算和交割等交易活动，定期向市生态环境局和市金融监管局报告交易情况、结算活动和机构运行情况。交易应采用公开竞价、协议转让以及符合国家和北京市规定的其他方式进行。

6. 北京市鼓励开展碳排放权交易产品回购、抵（质）押融资等相关活动。探索开展碳排放权金融衍生品等创新业务。市生态环境局可以根据需要通过竞价和固定价格出售、回购等市场手段调节市场价格，防止过度投机行为，维护市场秩序，发挥交易市场引导减排的作用。

7. 碳排放单位应当按规定于每年 4 月 30 日前向市生态环境局报送年度碳排放报告。重点碳排放单位应当同时提交符合条件的核查机构的核查报告。碳排放单位对排放报告的真实性、准确性和完整性负责，保存碳排放报告所涉数据的原始记录和管理台账等材料不少于 5 年。

5.2.5　广东省碳排放管理试行办法

2014 年 1 月 15 日广东省人民政府颁发了《广东省碳排放管理试行办法》，2020 年 5 月 12 日进行了修订。办法共有 7 章 42 条，主要内容有：

1. 省生态环境部门负责全省碳排放管理的组织实施、综合协调和监督工作。各地级以上市人民政府负责指导和支持本行政辖区内企业配合碳排放管理相关工作。各地级以上市生态环境部门负责组织企业碳排放信息报告与核查工作。

2. 鼓励开发林业碳汇等温室气体自愿减排项目，引导企业和单位采取节能降碳措施。提高公众参与意识，推动全社会低碳节能行动。

3. 实行碳排放信息报告和核查制度。年排放二氧化碳 1 万吨及以上的工业行业企业，年排放二氧化碳 5000 吨以上的宾馆、饭店、金融、商贸、公共机构等单位为控制排放企业和单位（以下简称控排企业和单位）；年排放二氧化碳 5000 吨以上 1 万吨以下的工业行业企业为要求报告的企业（以下简称报告企业）。

4. 控排企业和单位、报告企业应当按规定编制上一年度碳排放信息报告，报省生态环境部门。控排企业和单位应当委托核查机构核查碳排放信息报告，配合核查机构活动，并承担核查费用。对企业和单位碳排放信息报告与核查报告中认定的年度碳排放量相差 10%或者 10 万吨以上的，省生态环境部门应当进行复查。省、地级以上市生态环境部门对企业碳排放信息报告进行抽查，所需费用列入同级财政预算。

5. 实行碳排放配额（以下简称配额）管理制度。控排企业和单位、新建（含扩建、改建）年排放二氧化碳 1 万吨以上项目的企业（以下简称新建项目企业）纳入配额管理；其他排放企业和单位经省生态环境部门同意可以申请纳入配额管理。

6. 配额发放总量由广东省人民政府按照国家控制温室气体排放总体目标，结合广东省重点行业发展规划和合理控制能源消费总量目标予以确定，并定期向社会公布。配额发放总量由控排企业和单位的配额加上储备配额构成，储备配额包括新建项目企业配额和市场调节配额。

7. 控排企业和单位的配额实行部分免费发放和部分有偿发放，并逐步降低免费配额比例。每年 7 月 1 日，由省生态环境部门按照控排企业和单位配额总量的一定比例，发放年度免费配额。

8. 每年 6 月 20 日前，控排企业和单位应当根据上年度实际碳排放量，完成配额清缴工作，并由省生态环境部门注销。企业年度剩余配额可以在后续年度使用，也可以用于配额交易。

9. 控排企业和单位可以使用中国核证自愿减排量作为清缴配额，抵消本企业实际碳排放量。但用于清缴的中国核证自愿减排量，不得超过本企业上年度实际碳排放量的 10%，且其中 70% 以上应当是本省温室气体自愿减排项目产生。

5.2.6 广东省碳普惠交易管理办法

《广东省碳普惠交易管理办法》是由广东省生态环境厅公布，自 2022 年 5 月 6 日起施行。办法提出，自然人、法人或非法人组织按照自愿原则参与碳普惠活动，作为碳普惠项目业主依据碳普惠方法学申报碳普惠核证减排量，委托有关法人组织申报碳普惠核证减排量的，应当签署委托协议，明确各方的责权利，碳普惠项目业主在申报前，应将项目咨询服务、利益分配等关键信息向利益相关方进行公示，公示期不少于 7 个工作日；碳普惠核证减排量可作为补充抵消机制进入广东省碳排放权交易市场，省生态环境厅确定并公布当年度可用于抵消的碳普惠核证减排量范围、总量和抵消规则；鼓励碳普惠核证减排量用于抵消自然人、法人或非法人组织生活消费、生产经营、大型活动产生的碳排放；积极推广碳普惠经验，推动建立粤港澳大湾区碳普惠合作机制，积极与国内外碳排放权交易机制、温室气体自愿减排机制等相关机制进行对接，推动跨区域及跨境碳普惠制合作，探索建立碳普惠共同机制。

5.3　碳排放标准体系

为规范碳排放管理，国际组织和我国相继发布了一系列碳排放相关方面的标准规范（表 5-3）。

碳排放国内外标准一览表　　　　　　　　　　　　表 5-3

序号	国内外标准名称	发布机构	核算范围	特点
1	温室气体管理标准（ISO 14064）	国际标准化组织	范围 1、2、3	国际认可的基础标准，企业温室气体核算基本要求
2	温室气体核算体系（GHG protocol）	世界资源研究所、世界可持续发展工商理事会	范围 1、2、3	国际广泛使用的温室气体核算工具
3	国内各行业企业核算指南、标准	生态环境部、发展改革委、各政府机构	范围 1、2、3	细分不同行业，规范核算方法和排放报告格式

备注：范围 1（直接排放）：企业资源直接燃烧产生的温室气体排放，如厂内锅炉、自有燃油车等；
　　　范围 2（间接排放）：外购电力、蒸汽、热力和冷气导致间接碳排放；
　　　范围 3（间接排放）：外购原料、物料或产品的开采与生产，废弃物处理，出售产品的运输与使用，职工差旅与通勤等。

5.3.1　国际标准

1. 温室气体管理标准（ISO 14064）

温室气体管理标准（ISO 14064）于 2006 年由国际标准化组织（ISO）发布，旨在帮助组织进行温室气体排放及移除的量化报告，由企业层面碳核算（ISO 14064—1）、项目层面碳核算（ISO 14064—2）及温室气体核查（ISO 14064—3）三部分组成。

ISO 14064 是国际社会广泛认可的企业碳核算基础标准。

2. 温室气体核算体系（GHG protocol）

温室气体核算体系（GHG protocol）由世界资源研究所（WRI）与世界可持续发展工商理事会（WBCSD）于 1998 年联合建立，其宗旨是制定国际认可的温室气体核算方法与报告标准，并推广其使用。GHG protocol 自 2009 年发布以来已被国际社会广泛采用。温室气体核算体系下出台了一系列核算标准，与企业碳核算相关的标准有《温室气体核算体系：企业核算与报告标准》和《温室气体核算体系：企业价值链（范围 3）核算和报告标准》。

5.3.2　国内指南、标准

1. 国家发展改革委发布的核算指南

为有效落实建立完善温室气体统计核算制度，逐步建立碳排放交易市场的目标，加快构建国家、地方、企业三级温室气体排放核算工作体系，国家发展改革委在 2013 ~ 2014 年间先后三批次组织制定并发布了 24 个重点行业企业温室气体排放核算方法与报告指南，为发电、电网、钢铁、化工、电解铝、镁冶炼、平板玻璃、水泥、陶瓷、民航、石油化工、电子设备制造、食品等企业提供了规范化和标准化的核算方法。核算方法与报告指南全文共包括 7 个主要内容：适用范围、引用文件和参考文献、术语和定义、核算边界、核算方法、质量保证和文件存档、报告内容和格式规范。已经颁布的 24 个碳排放核算方法与报告指南，基本覆盖了我国除居民生活外的所有重点行业，成为我国碳排放统计核算体系建设的重要依据。

2. 生态环境部发布的核算指南

2021 年 3 月，生态环境部发布《企业温室气体排放报告核查指南（试行）》，对重点排放单位温室气体排放报告的核查原则和依据、核查程序和要点、核查复核及信息公开等内容进行明确。

指南适用于省级生态环境主管部门组织对重点排放单位报告的温室气体排放量及相关数据的核查。对重点排放单位以外的其他企业或经济组织的温室气体排放报告核查，碳排放权交易试点的温室气体排放报告核查，基于科研等其他目的的温室气体排放报告核查工作可参考指南执行。

指南对核查原则和依据进行了规定。重点排放单位温室气体排放报告的核查应遵循客观独立、诚实守信、公平公正、专业严谨的原则，依据《碳排放权交易管理办法（试行）》、生态环境部发布的工作通知、生态环境部制定的温室气体排放核算方法与报告指南、相关标准和技术规范等执行。

根据指南要求，核查程序包括核查安排、建立核查技术工作组、文件评审、建立现场核查组、实施现场核查、出具《核查结论》、告知核查结果、保存核查记录等 8 个步骤。核查要点包括文件核查要点及现场核查要点。

3. 碳排放相关国家标准规范

《建筑碳排放计算标准》（GB/T 51366—2019）是我国首部关于建筑碳排放计算方法的国家标准，适用于新建、扩建和改建的民用建筑的运行、建造及拆除、建材生产及运输阶段的碳排放计算，明确了建筑物排放的定义、计算边界、排放因子以及计算方法。

《建筑节能与可再生能源利用通用规范》（GB 55015—2021）是强制性工程建设规范，规范要求新建居住和公共建筑碳排放强度分别在 2016 年执行的节能设计标准的基础上平均降低 40%，碳排放强度平均降低 $7kgCO_2/（m^2 \cdot a）$ 以上。规范新建、扩建和改建建筑以及既有建筑节能改造建筑在可行性研究报告、建设方案和初步设计文件中均应提交碳排放报告。在项目不同阶段，需进行碳排放计算分析，并严格执行。

《绿色建筑评价标准》（GB/T 50378—2019）规定，碳排放计算是"提高与创新"章节中的得分项，在预评价（施工图完成后）和评价（竣工验收后/运行满一年）阶段需提供碳排放报告。

4. 地方省市发布的核算指南

除了全国碳市场，我国七个试点碳市场主管部门也陆续发布了地方企业核算指南标准，例如北京市发布道路运输、电力生产、服务业、水泥制造业、石油化工等行业核算标准；上海市发布了钢铁、电力、纺织、造纸、航空、有色、化工等行业核算标准；重庆市、湖北省也分别发布了工业企业核算方法和报告指南。

下篇

专业知识能力篇

第6章 碳排放核算专业知识与能力

6.1 碳排放核算概论

6.1.1 碳排放核算相关概念和内涵

联合国环境规划署（UNEP）发布的《2022 年全球建筑建造业现状报告》显示，2021年该行业的总能耗和二氧化碳排放量增长到了疫情前水平以上。建筑物和建设行业占到全球能源需求的 34% 以上；在建筑全生命周期过程中，二氧化碳排放占比则达到 37% 左右。我国的建筑能耗约占总能耗的 27%，碳排放量占总排放量的 40% 左右。

建筑物碳排放核算以单栋建筑或建筑群为对象，依据建筑建造及运行过程进行划分核算。也可在建筑设计阶段，或在建筑物建造后对碳排放量进行核算。建筑从诞生到拆除的过程中，采用量化的数据来评价其能耗的多少需要从多个阶段统计分析大量复杂数据。为了量化这个过程，将一个建筑按时间和空间进行界定，排除干扰因素，从而形成有限变量数据统计和分析的过程。

6.1.2 碳排放核算对象

建筑全生命周期从原材料的开采、建设、使用到建筑拆除，整个过程都会对环境产生影响。对建筑的碳排放进行评价就要研究建筑全生命周期中各个阶段的特点，以便于寻找到最优方案。建材碳排放的研究是从建材开采、生产、使用、回收几个阶段考虑的，例如：一般大型钢材的回收率可以达到 85%，如果只考虑钢材的生产阶段显然是不合理的。在整个建筑生命周期中，建筑使用阶段的能耗和碳排放比例较高，是分析的重点。目前建筑行业所提出的节能建筑、零能耗建筑、零碳排放建筑，基本是针对使用阶段而言的，通过某种节能技术或者材料在使用阶段将能耗、碳排放降低。在分析建筑碳排放时，应当从建材生产阶段开始，即从全生命周期的角度考虑建筑碳排放。

6.1.3 碳排放核算边界和范围

在建筑生产及使用的过程中，建筑材料开采生产阶段主要包含各种建筑设备的制造、建筑机械的制造、建材的开采加工等，所使用的空间集中在建材生产基地或工厂；建筑材料运输过程、建筑的施工建造阶段主要包括建筑材料的运输过程、施工工艺的组织实施，这个过程主要集中在施工现场及运输途中；建筑运行维护阶段主要包含建筑本体及其附属区域，也集中在这一区域用能；建筑拆除阶段包含废弃物的运输、建筑垃圾处理、建材回收利用，这个过程涉及拆除现场、垃圾运输途中及材料回收厂区。

国外大部分观点认为以四个阶段划分建筑全生命周期，即材料生产、建设、运行、拆除以及处理四个阶段，笔者在其基础上研究了不同建筑物的碳排放区别，进行不同阶段能耗多少的对比分析。本书将建筑全生命周期划分为四个阶段，分别是建材开采生产阶段、建筑施工阶段、建筑运行和维护阶段、建筑拆除和回收利用。

6.1.4　碳排放核算方法与核算内容

从基于全生命周期评价理论角度研究，建筑碳排放在各个阶段具有连续性，建筑碳排放核算需要对建材开采生产阶段、建筑施工阶段、建筑使用和维护阶段、建筑拆除和回收阶段的碳排放来源进行盘查，明确各阶段碳排放测算的方法和测算清单。国内建筑行业属于劳动密集型行业，建筑产品制造生产周期长，涉及部门多，数据统计工作量大，无法形成具有完整逻辑关系的批量数据。国内对建筑物的碳排放测算主要采用三种方法：实测法、物料衡算法和排放系数法。

（1）实测法

实测法主要通过监测工具，采用符合当下国家标准的计量工器具，对目标气体的流量、浓度、流速等进行测量。同时结合国家环境部门认可的数据来计算目标气体总排放量。采集的样品数据具有很强代表性和较高的精确度，是一种比较可靠的方法。

（2）物料衡算法

物料衡算法是在建设过程中对使用的物料进行定量分析，根据质量守恒，投入物质量等于产出物质量，把工业排放源的排放量、生产工艺和管理、资源、原材料的综合利用及环境治理结合起来，系统地、全面地研究生产过程中碳排放的一种科学有效的计算方法。这种方法虽然能得到比较精确的碳排放数据，但是需要对建筑物全过程的投入物与产出物进行全面的分析研究，工作量很大，过程也比较复杂。

（3）排放系数法

排放系数法是指在正常技术经济和管理条件下，根据生产单位产品所排放的气体数量的统计平均值来计算总排放量的一种方法。目前的排放系数分为有气体回收和无气体回收，而且在不同的生产状况、工艺流程、技术水平等因素的影响下，排放系数也存在很大差异。因此使用排放系数法的不确定性也较大。

但排放系数法是目前最常用的碳排放计算方法。此种计算方法可以进一步划分为标煤法和能源种类法。标煤算法，即根据建筑能耗折算为标煤量，再通过标准煤的二氧化碳排放量进行计算，见公式（6-1）所示。能源种类法，即直接根据各种能源种类的二氧化碳排放量进行计算，见公式（6-2）所示。能源种类法较精确。

采用标煤法计算二氧化碳排放量的公式（6-1）：

$$C=\sum_{i=1}^{n}\left(E_i\right)\times K_{ce}\times\frac{44}{22} \tag{6-1}$$

式中：C——建筑二氧化碳总排放量，kg；

E_i——建筑实际不同种类能源消耗量折算为标煤量，kg；

K_{ce}——标煤排放因子，kgC/kg。

采用能源种类法计算二氧化碳排放量的公式（6-2）：

$$C=\sum_{i=1}^{n}\left(K\times E\right)_i\times\frac{44}{22} \tag{6-2}$$

式中：C——建筑二氧化碳总排放量，kg；

E——建筑实际不同种类能源消耗量，kg，Nm^3；

K——不同种类能源单位碳排放量，kgC/kg。

建筑物规模不一，物化阶段材料、机械使用量相差很大，直接导致碳排放量差别很大；而使用阶段持续时间几乎占了建筑生命周期的全部，计算所对应的年限对结果影响很大，因此仅给出建筑物总的碳排放量缺乏可比性，需要结合一个横向可比较的评价方法进行对比分析。

碳排放评价应以建筑投入使用后 100 年为评价期，将温室气体质量按照 IPCC 100 年全球变暖潜能值（GWP）系数换算成"二氧化碳当量"（CO_2e）进行衡量。由于需要考虑建筑寿命的时间因素，因此建筑全生命周期碳排放以每年每平方米建筑面积所产生的千克（CO_2e）进行度量，其计量单位为 kg/（$m^2\cdot a$），见公式（6-3）：

$$BCE=\frac{E_{man}+e_{u+d}}{\left(S\cdot T\right)} \tag{6-3}$$

式中：BCE——建筑全生命周期碳排放评价值；

E_{man}——物化阶段碳排放；

e_{u+d}——运行使用和拆除回收阶段碳排放加权值；

S——建筑总面积；

T——建筑寿命年限。

6.1.5　碳排放核算数据统计方法

针对建筑全生命周期的碳排放清单分析，其主要任务是分阶段的基础数据的收集，并进行相关计算，得出该阶段的总输入和总输出量，作为评价的依据。输入包括：建筑原材料用量、各种能源用量；输出是建筑本体，还包括向环境排放的各类污染物。在计算时需要考虑各种能源的利用率、机械的运行效率等。建筑全生命周期的碳排放清单分析如图 6-1 所示。

建筑材料核算范围按以下准则：

1. 质量准则：将建筑工程各阶段消耗的所有建筑材料按质量大小排序，累计质量占总体材料质量 80% 以上的建筑材料纳入核算范围。

2. 造价标准：将建筑工程各阶段消耗的所有建筑材料按照造价大小排序，累计造价占总体材料造价 80% 以上的建筑材料纳入核算范围。

确认材料使用质量或占用生产成本（造价）的比例测算上，可以借鉴 ABC 分类法对所使用材料进行分类量化统计。

ABC 分类法：

根据材料的占用资金大小和品种数量之间的关系，把材料分为 ABC 三类（表 6-1）。

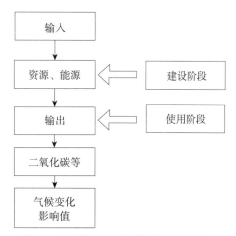

图 6-1 建筑全生命周期的碳排放清单

材料 ABC 分类表 表 6-1

材料分类	品种数占全部品种数（%）	资金额占资金总额（%）
A 类	5 ~ 10	70 ~ 75
B 类	20 ~ 25	20 ~ 25
C 类	60 ~ 70	5 ~ 10
合计	100	100

ABC 分类法分类步骤：

第一步，计算每一种材料的金额；

第二步，按照金额由大到小排序并列成表格；

第三步，计算每一种材料金额占库存总金额的比率；

第四步，计算累计比率；

第五步，分类。

A 类材料占用资金比例大，是重点管理和使用的材料，要按品种计算材料占总造价的比例；对 B 类材料，可按大类统计其用量；对 C 类材料，可采用简化的方法统计。

3. 能耗准则：将建筑工程各阶段所有机械、设备按能源消耗大小排序，累计达到相应阶段能源消耗 80% 以上的机械、设备纳入核算范围。

6.2　碳排放因子

碳排放因子，也称为碳排放系数，指单位用量的直接能源消耗或产品生产过程间接所耗能源所产生的温室气体排放量。由于二氧化碳是最重要的温室气体，因此可以把包括二氧化碳（当量为 1）、甲烷、氧化亚氮和氟化物等六大温室气体统一转化为二氧化碳当量（CO_2e）表示，其中最主要的非二氧化碳气体甲烷和氧化亚氮的二氧化碳当量分别为 25 和

298。采用排放因子法进行碳排放核算的核心是科学地确定适合所选取评估过程的碳排放因子，系数取值的影响对最后的计算结果有决定性作用。

6.2.1　建筑碳排放因子

对于碳排放的清单计算，通常以产生的二氧化碳量来衡量。计算建筑碳排放，其本质是为了说明其对全球气候变暖所造成的影响，因此碳排放分析不仅仅局限于二氧化碳。许多其他气体对气候变化也有影响，并且影响程度不同（通常远大于二氧化碳）。因此，应当将所有对全球气候变暖造成影响的气体都纳入到碳排放的清单当中。联合国政府间气候变化专门委员会 IPCC 以二氧化碳气体的全球变暖潜能值（GWP）为基准，其他气体（甲烷、氧化亚氮等）的 GWP 值以二氧化碳为基准，折算为二氧化碳当量来衡量。二氧化碳的 GWP 值定为 1，其余温室气体对二氧化碳有一个比值，定义为各自的温室气体 GWP 值，温室气体的 GWP 值与三个方面有关：对红外辐射的吸收能力；在大气中存活的时间；在什么时间段与二氧化碳相比较。所以 GWP 值与时间有关，一般分为 20 年、50 年、100 年。

建筑全生命周期的碳排放是各阶段的各类温室气体排放量与其全球变暖潜能值相乘所得到的总和。其公式为（6-4）：

$$GWI= \sum_{j=1}^{3} \sum_{i} W_{ij} \times GWP_i \qquad (6-4)$$

式中：GWI——建筑全生命周期碳排放指数，$kgCO_2$；

$\qquad$ W_{ij}——建筑全生命周期内第 j 阶段（$j=1,2,3$，分别为物化、使用和拆除处置阶段）所产生的第 i 种温室气体的质量，kg；

$\qquad$ GWP_i——第 i 种温室气体的全球变暖影响潜能值，$kgCO_2/kg$ 温室气体；

$\qquad$ i——温室气体的种类代号。

根据《京都议定书》，温室气体包括以下 6 类：二氧化碳（CO_2）、甲烷（CH_4）、氧化亚氮（N_2O）、氢氟碳化物（HFCs）、全氟碳化物（PFCs）、六氟化硫（SF_6）。

研究发现，不同温室气体对环境的影响差别是很大的，按照 CO_2、CH_4，N_2O、HFCs、PFCs、SF_6 顺序依次增大，但是 CO_2 的排放量最大，以前大部分研究只统计 CO_2 的排放量，但随着研究的深入人们逐渐意识到需要对各种温室气体综合考虑。

6.2.2　建材碳排放因子

对于建筑行业的 CO_2 排放，除了日常使用的能源以外，大部分来自于建材生产过程。在中国某些省份，建筑材料碳排放占全生命周期碳排放的 9%～22%；在日本，此比例为 15%～22%。需要说明的是，建材产品种类繁多，受时间及统计渠道的限制，无法对各种建材一一进行统计。这里以我国建筑普遍使用的主要建材为研究对象，具体指钢材、铝材、水泥、建筑玻璃、建筑卫生陶瓷、木材、砌块等。数据来源于建材相关管理部门、国家统计局的国内建材产品平均统计数据。二次建材不在本书研究范围。

（1）建材碳排放因子计算方法

建材碳排放因子的确定包含三个部分：

1）能源消耗导致的碳排放，包括化石燃料和电力消耗；

2）来自于硅酸盐材料化学反应分解产生的碳排放；

3）考虑可回收建材的回收系数。

建材生产阶段 CO_2 排放量计算：首先从能源的使用量与建材生产原料的含碳量来估算建材产品的 CO_2 排放量。如：生产 1t 波特兰水泥，其国内生产耗能统计平均结果为每吨水泥需要使用 170kg 标煤和 120kW·h 电能，则其 CO_2 排放量为：

标煤用量 × 标煤 CO_2 排放量 + 用电量 × 电 CO_2 排放量 +$CaCO_3$ 分解 CO_2

$$= \frac{170 \times 2.772 + 120 \times 0.723 + 0.75 \times 0.38 \times 1000}{1000}$$

$$= 0.843 （kgCO_2/kg）$$

考虑可回收建材的回收系数：

计算建筑材料 CO_2 排放时必须考虑建筑材料的可再生性。材料的可再生性指材料受到损坏但经加工处理后可作为原料循环再利用的性能。具备可再生性的建筑材料包括：钢筋、型钢、建筑玻璃、铝合金型材、木材等。通过对国内相关产品的调查，给出下列可再生材料的回收系数，如型钢回收系数 0.9，钢筋回收系数 0.4，铝材回收系数 0.95。建筑玻璃和木材虽然可全部或部分回收，但回收后的玻璃一般不再用于建筑。木材也很难不经处理而直接应用于建筑中。

回收的建材循环再生过程同样需要消耗能源和排放 CO_2。研究表明，我国回收钢材重新加工的能耗为钢材原始生产能耗的 20% ～ 50%，取 40% 进行计算；可循环再生铝生产能耗占原生铝的 5% ～ 8%，取 6% 进行计算。建筑材料回收再生产过程的生产能耗指标为钢材 11.6MJ/kg，铝材 10.8MJ/kg。同样，回收再生产过程排放 CO_2 的指标为钢材 0.8kg/kg，铝材 0.57kg/kg。

考虑再生利用后的 CO_2 排放量计算：

CO_2 排放量 = 各种建材单位 CO_2 排放量 ×（1– 可回收系数）+
　　　　　　回收再生产过程 CO_2 排放量 × 可回收系数

（2）部门主要建材碳排放因子

目前，我国关于建材碳排放因子的确定存在一些问题：

1）能耗统计方法不同，能源碳排放因子计算结果不一致；

2）对建材全生命周期的界定不同，一般是建材开采、生产阶段，有些包括建材运输和建材回收等；

3）数据代表的时间不同，同一种建材的碳排放随着生产工艺的改进和能源利用效率的提高而改变，不同时间统计的结果差别很大。

鉴于以上几点，通过搜集基础数据，查看文献，对不同研究结果进行比较，为尽可能系统地统计建材种类，在国内数据不全的情况下，借鉴一些国外的基础数据。建材碳排放因子的确定不仅包括能耗导致的碳排放、生产工艺引起的碳排放，同时考虑建材的可回收系数。本文以钢材、水泥、混凝土为算例进行碳排放因子的说明。

①钢材

钢材作为重要的建筑材料，碳排放量与生产工艺关系密切，炼钢工序主要包括炼铁、炼钢等七步，炼钢炉主要有转炉、电弧炉，平炉在近年已经被淘汰。本书只考虑钢材在原料开采、钢材生产阶段的碳排放，而且主要是由于能源消耗、燃烧导致的碳排放，忽略化学变化产生的碳排放。把钢材分为不同种类，根据 1t 钢材的能源使用量进行统计计算。虽然钢材是高碳排放建材，但是回收率较高，钢筋混凝土中的钢筋难以全部回收，取40%，像型钢、钢模具回收率比较高，可达到90%，回收重新利用的钢材碳排放因子按照原钢材碳排放因子的40%计算，计算公式：

$$钢材碳排放因子 = 钢材碳排放因子 \times （1- 回收系数） \times 钢材碳排放因子 \times$$
$$40\% \times 可回收系数$$

②水泥

水泥制造工艺主要有三种：湿法回转窑、立窑和新型干法工艺，由于新型干法工艺所占比例越来越高，而且也是以后的发展趋势，所以本书采用新型干法工艺进行研究。水泥碳排放主要是由能源和熟料导致，1kg 熟料含氧化钙（CaO）0.65kg，1kg 熟料大概排放 0.52kg 二氧化碳，不同种类水泥能源耗量及碳排放因子有所不同，P·I 52.5 熟料含量95%，排放因子（$kgCO_2/kg$）0.8046。P·O 42.5 熟料含量82%，排放因子（$kgCO_2/kg$）0.7128。

③混凝土

根据对加气混凝土的生产工艺调查，$1m^3$ 加气混凝土的制造需要水泥 70kg，砂的碳排放量和水泥比较可忽略，而粉煤灰属于工业废料，不考虑在内，耗煤量大约是 47kg，耗电 21kW·h（电力碳排放系数采用全国平均值 $0.723kgCO_2/kW·h$），三者叠加的加气混凝土的碳排放因子为 $129kg/m^3$。

6.2.3　全生命周期各阶段碳排放比例

据联合国政府间气候变化专门委员会 IPCC 计算，建筑行业消耗了全球 40% 的能源，并排放了 36% 的二氧化碳。我国建筑物能耗占全社会总能耗的 25% ~ 28%，二氧化碳排放量占全社会排放比例的 40%。在中国台湾地区，建筑材料碳排放占全生命周期排放的 9.15% ~ 22.22%，在日本，此比例为 15.67% ~ 22.69%。

国内学者针对木结构、轻钢结构和钢筋混凝土结构这三种不同结构形式的建筑全生命周期的碳排放进行比较，结论为物化阶段的碳排放占建筑生命周期总碳排放的比例较小，仅为 4% ~ 7%。在建筑全生命周期的不同阶段，三种结构建筑在运营维护阶段的碳排放最多，分别占到碳排放总量的 95.86%、94.04% 和 92.83%。拆除阶段的碳排放占建筑生命周期总碳排放的比例最小，仅为 0.04% ~ 0.07%。在能源消耗的构成比例中，一般施工阶段的能耗占 10% ~ 15%；建材生产阶段的能耗占 50% ~ 80%，在总能耗中所占比例最大，而且此阶段的能耗数据来源可靠性比较强。

而对于住宅建筑，无论采用何种计算方法，其生命周期碳排放的比例都是相似的，其中运行、使用和维护阶段所占的比例最大变化在 49% ~ 96.9% 之间，此阶段的碳排放更多地集中在供暖、通风等方面。而其他阶段碳排放所占的比例均较低，原材料生产阶段占比一般不超过 15%；拆除阶段碳排放占比不超过 20%，考虑回收利用等因素，此阶段的排放量甚至可以为较低的负值。

6.3 全生命周期各阶段碳排放核算

6.3.1 建材开采和生产阶段碳排放核算

建材开采和生产阶段的碳排放是指在原材料开采、建材生产时由于消耗煤、石油、天然气等化石能源和电能及生产工艺引起的化学变化而导致大量的温室气体排放。国内现有研究普遍认为，该阶段是除运营阶段之外碳排放量最大的阶段，占整个生命周期的 10% ~ 30%。这部分的碳排放属于建筑上游间接空间的排放，在国家或城市层面统计碳排放时把其归入工业，而不属于建筑范畴。我国有些学者在研究建筑碳排放时未将建材准备阶段的碳排放纳入，片面地认为建筑运行阶段的能耗、碳排放占建筑总能耗、总碳排放的绝大比例，但根据产品碳足迹方法标准 PAS 2050 及温室气体管理标准 ISO 14064，应将有关供货、材料、产品设计、制造等过程融入产品的碳排放影响中，因为建材本身的碳排放在建筑全生命周期内占有一定的比例，而且建材的选择也直接影响到建筑使用阶段的碳排放，把其纳入到全生命周期内，一方面更符合全生命周期的理念，另一方面也可以监督建筑建造阶段对建材的选用，促进低碳建材的开发。

建材开采生产阶段碳排放计算公式（6-5）：

$$P_1 = P_{j1} = \sum_k (V_k + Q_k) \qquad (6\text{-}5)$$

式中：P_1——建材开采和生产阶段碳排放量，t；

P_{j1}——建材开采和生产阶段间接空间碳排放量，t；

V_k——第 k 种考虑回收系数的建材碳排放因子，t/t，t/m²，t/m³；

Q_k——第 k 种建材用量，t，m²，m³。

公式（6-5）中，Q 建材用量包括钢筋、混凝土等构成建筑本身的材料，也包含施工过程中所用的模板、脚手架等临时周转材料。传统现场建造模式下，关于建材用量的统计一般采用两种方法，一是查阅相关资料，如工程决算书、造价指标等，这种方法统计的数值比较精确，但是有些建筑由于时间久，数据保存等问题，一些基本数据丢失，需要进行估算；二是估算法，根据建成之后的建筑，依据建筑类型，按照体积、面积等相关指标进行估算。

6.3.2　建筑施工阶段碳排放核算

建筑施工阶段是建筑产品生产过程中的重要环节，是建筑企业组织按照设计文件的要求，使用一定的机具和物料，通过一定的工艺过程将图纸上的建筑进行物质实现的生产过程。在这过程中会产生大量的污染（大气污染、土壤污染、噪声影响、水污染以及对场地周围区域环境的影响）与排放。建筑施工阶段主要包括建材运输、建筑施工两部分。

目前，我国对施工阶段能耗的分析较少，现有研究表明：建筑施工阶段能耗占建筑全生命周期能耗的23%，在低能耗建筑中甚至高达40% ～ 60%。其中，建材运输能耗的大小主要由建筑材料的种类和数量、生产地到施工现场的距离、运输方式和运输工具等决定，通常是建材生产能耗的5% ～ 10%。建筑施工过程能耗包括机械设备耗能以及各施工工艺的燃烧消耗等，其大小主要由建筑材料的用量和种类、建筑结构形式、施工设备和施工方法等决定。

对于施工阶段的能源消耗国内的研究目前还比较缺乏，实际工程的施工能耗数据也不易获得。根据相关文献的统计分析，对于施工阶段的清单计算主要有四种方法：投入产出法、现场能耗实测法、施工程序能耗估算法和预决算数量估算法。如果有耗能数据，则根据各施工工艺量乘以相应的碳排放因子，便可以求和得到该阶段碳排放总量。在没有耗能数据时，如果知道施工费用，可以使用投入产出法。若两种方法都不能使用，则可以使用台湾学者张又升根据现场实测能耗总结出的简化公式进行估算。

建筑施工阶段碳排放的计算见公式（6-6）：

$$P_2 = P_{i2} + P_{j2} \tag{6-6}$$

式中：P_2——建筑施工阶段碳排放量，t；

　　　P_{j2}——建筑施工阶段间接空间碳排放量，t；

　　　P_{i2}——建筑施工阶段直接碳排放量，t。

6.3.3　建筑使用和维护阶段

建筑使用和维护阶段的碳排放包括使用阶段与更新维护阶段两大部分。

使用阶段：使用阶段的碳排放主要来源于空调的使用耗电、照明耗电、电梯的使用以及热水供应、采暖等。其中建筑物由于用途和结构的不同可以分为住宅类和商业类，对于住宅建筑而言，采暖和空调、照明在总的碳排放比例中占65%，为主要构成部分，热水供应占15%，电气设备占14%，其余占6%；而对于公共建筑，其使用阶段的碳排放主要来源于空调系统和照明用电，能源消耗大，通常占建筑生命周期的80%以上，即使是对于能源使用效率极高的建筑，在使用阶段的耗能也高达50% ～ 60%。此处需要注意的是，对于建筑物而言，在使用阶段所产生的碳排放不包括其内部电器、家电等的能源消耗，例如电视机在使用过程中产生的碳排放就不能够包括在内。

而该阶段的总能耗就由各部分的分项能耗以及建筑使用年限决定。对于建筑的使用年限，以往研究中的建筑年限取值范围为 35 ～ 100 年，在通常研究中取建筑的使用年限为 50 年，这一取值与我国一般建筑物的设计寿命相当。

维护阶段：维护阶段能耗是指在建筑物使用阶段的维护和修缮活动中涉及的能耗。在建筑物运行过程中，因部分材料或构件达到自然寿命需要对其更新或维护。需要更换时，维护阶段的碳排放计算与建筑物材料的生产加工以及运输的碳排放计算相似，最终可以转化成运输能源的碳排放和相应材料的碳排放。

维护阶段的数据主要有两种来源：实际运行的监测数据；使用能耗分析软件进行模拟估算的数据。通过实测法获得的实际运行的监测数据，需要有比较完备的能耗分项统计系统，同时需要较高的管理水平，才能确保其完整及准确性，虽然实测法能够反映建筑真实的能耗情况，但统计工作量大，数据收集较困难，且结果因不同使用者的用能习惯不同而有主观差异；而通过能耗分析软件模拟得到的能耗数据虽然并非建筑的实际能耗水平，一方面受到模拟软件的约束，比如各种输入条件对于最后的模拟结果有影响，另一方面，建筑的实际运营情况可能与模拟输入条件有差别，比如实际的入住率等，但此种方法计算过程简洁明晰，易操作，适于建筑设计阶段对建筑使用环节碳排放的预测，对低碳减排更具指导意义。

建筑使用和维护阶段碳源包括建筑设备及其附属设备直接排放的温室气体、建筑设备生产时排放的温室气体、建筑所用能耗产生的温室气体、建筑维护碳排放、建筑用地的碳汇以及水处理产生的碳排放等。建筑使用和维护阶段与建筑类型关系密切，例如：民用建筑和办公建筑的室内设备和 HVAC 系统（采暖、通风与空调）是完全不同的。这里核算的有关设备只是为维持建筑基本功能的那些设备。

关于建筑用能导致的碳排放需要进行简要说明，建筑能耗导致的碳排放分为直接排放和间接排放，建筑直接利用的煤炭、石油、天然气等化石能源导致的碳排放属于直接排放，而建筑用的电力、热水、蒸汽导致的排放属于间接排放，这里所说的热水、蒸汽专指市政部门提供，建筑内自己生产的热水、蒸汽属于直接排放。

建筑使用和维护阶段碳排放的计算见公式（6-7）：

$$P_3 = P_{i3} + P_{j3} \tag{6-7}$$

式中：P_3——建筑使用和维护阶段碳排放量，t；

P_{j3}——建筑使用和维护阶段间接空间碳排放量，t；

P_{i3}——建筑使用和维护阶段直接碳排放量，t。

建筑化石燃料消耗导致的碳排放是由采暖系统、制冷系统、热水加热系统导致的，采暖系统包括：小型锅炉房、家庭自主采暖设备等，集中供热系统属于间接排放；制冷系统包括小型用户的家用空调、大型中央空调及其附属设备，这些设备的共同特点都是以化石能源为动力，直接排放温室气体。

6.3.4　建筑拆除和回收阶段

建筑拆除和回收阶段指废弃建筑在拆除过程中的现场施工、场地整理以及废弃建筑材料和垃圾的运输和处理等过程。建筑拆除和回收阶段的碳源包括三个方面：

建筑拆除解体阶段：传统建造方式下，建筑拆除能耗主要与拆除作业的机器设备、施工工艺和拆除数量有关。由于建筑物结构的不同，拆除方法也各异，但都需要大量的人力与机具配合。以最常见的钢筋混凝土结构建筑为例，包括搭建脚手架、拆除装潢与铝合金门窗、拆除砖墙、分离砖石与混凝土、用大型器械拆除混凝土框架等，由此可见，拆除过程中的碳排放来自各种拆除工法与机具的能耗，大致包括破碎/构件拆除工艺、开挖/移除土方、平整土方、起重机搬运等。

废弃物搬运及处理阶段：主要是对拆除后的材料（金属、钢筋、铝合金门窗、废弃的砖瓦混凝土、木质材料、塑料、玻璃等）进行分类、装载清运、处理。碳排放源自搬运、运输工具、各类废弃物处理设备等耗用能源产生的碳排放。

废弃物回收再利用阶段：废弃物可以通过再利用、再循环、焚烧等方式回收。回收利用能避免二次污染，缓解建材供应紧张，降低能耗减少碳排放。但其碳排放也不可避免，其碳排放主要源自再生材料以及设备耗能产生的碳排放。现阶段的研究对于建筑工程拆除后的废弃物利用还不是很明确，只有一部分材料在研究中得到相对准确的再利用数据。如对于废钢铁，每 10000t 废钢铁，可以炼出 9000t 优质钢，这能够节约能源达到 60%；铝的再生也只需要消耗不到电解铝生产的 5% 的能源。除此之外，具备可再生性的材料还有建筑玻璃、木材、铝合金型材等。

在建筑拆除及回收阶段，实际能耗数据不易获得，并且，以往研究的案例很少能够真正涉及拆除过程。在实际数据不易获得的情况下，通常只能根据已有的一些研究成果进行估算，如有研究表明，建筑在拆除阶段的能源消耗大约占到施工过程能耗的 90%，可以根据这一比例进行估算，相应的碳排放量则与该阶段的能耗和单位能耗的碳排放量有关。有的学者研究了建筑拆除阶段的碳排放与建筑层数的拟合关系，可以作为估算该阶段能耗和碳排放的另一个方法。但实际上，大部分研究对这个阶段的能耗和碳排放计算进行了忽略，因为从建筑全生命周期的角度来看，这个过程的能耗和碳排放所占的比例非常小。如：中国台湾地区有研究资料表明，对于钢筋混凝土建筑，拆除阶段的能耗只占全生命周期总能耗的 0.18%；国内学者对 97 个典型案例的碳排放数据进行了深入分析和总结，发现住宅建筑的建造施工和拆除施工过程的能耗占全生命周期总能耗的比例平均只有 0.44%，公共建筑平均只有 0.46%。因此，综合考虑计算的可行性和所占比例的大小，对于建筑拆除和回收阶段的碳排放在目前的研究和计算中考虑忽略。

建筑拆除和回收阶段碳排放的计算见公式（6-8）：

$$P_4 = P_{i4} + P_{j4} \tag{6-8}$$

式中：P_4——建筑拆除和回收阶段碳排放量，t；

　　P_{j4}——建筑拆除和回收阶段间接空间碳排放量，t；

　　P_{i4}——建筑拆除和回收阶段直接碳排放量，t。

各阶段碳排放计算模型基本原理是以"碳排放量 = 活动数据 × 排放因子"为基础，获得来源于分活动分燃料品种的能源消费量和相应的排放因子等相关数据后，首先求得各阶段的碳排放量，最终求和即可。

6.4　案例：基于工程项目的全生命周期碳核算及分析

工程项目设计参数为：某别墅项目，位于上海市黄浦区，框架结构，总建筑面积为 380m²，高度为 10m，占地面积为 55.02m²，使用年限为 50 年。选用"工程项目全生命周期碳计算及分析系统"软件进行建筑碳排放分析，首先基于工程量计算软件建立工程量清单，将工程量清单导入"工程项目全生命周期碳计算及分析系统"软件中，随后选择相应的参数依次进行各阶段碳排放分析。以下按照该系统的操作流程进行某别墅项目的碳计算及分析。

6.4.1　创建项目

在"项目管理"中创建新项目。创建项目中包含项目名称、项目地址、建筑面积、使用年限、建筑类型、结构类型、计算标准等，创建项目时所填写的如建筑面积、使用年限、建筑类型等重要参数信息会影响后续相关核算结果，故在创建项目以及后续编辑项目修改这些信息时需谨慎操作。见图 6-2~ 图 6-4。

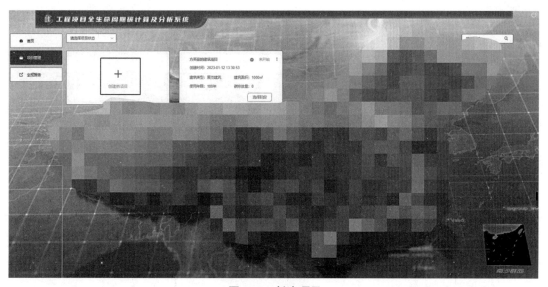

图 6-2　创建项目

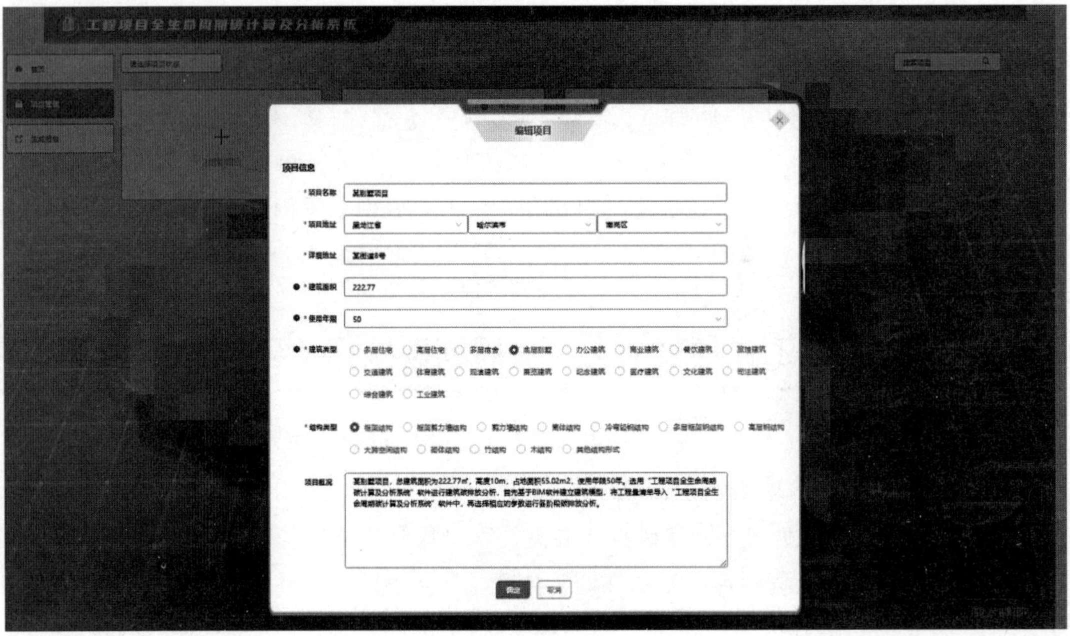

图 6-3　编辑项目

56

图 6-4　项目信息

　　项目建立完成后开始计算。下面以"建材生产阶段"和"运维阶段"碳排放核算为例进行软件计算操作的说明。

6.4.2　建材生产阶段碳排放核算

1. 导入

下载工程消耗量清单模板，根据模板要求填写好表格后上传到该系统中，若导入的数据不符合系统要求，系统会标红提示，用户可以修改替换。见图 6-5、图 6-6。

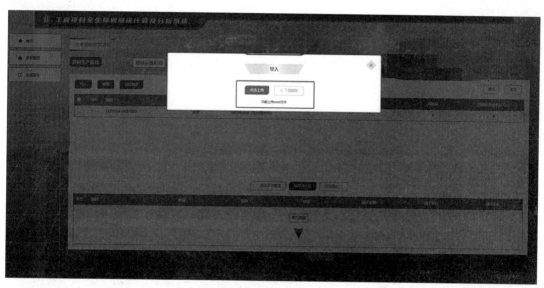

图 6-5　导入

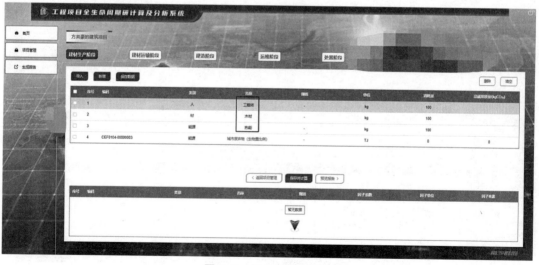

图 6-6　导入后数据列表

2. 新增

用户根据需要添加的材料按照分类查找或搜索材料名进行查找，选择需要的材料，即可添加到项目中，输入消耗量等参数后计算出对应碳排放量。见图 6-7。

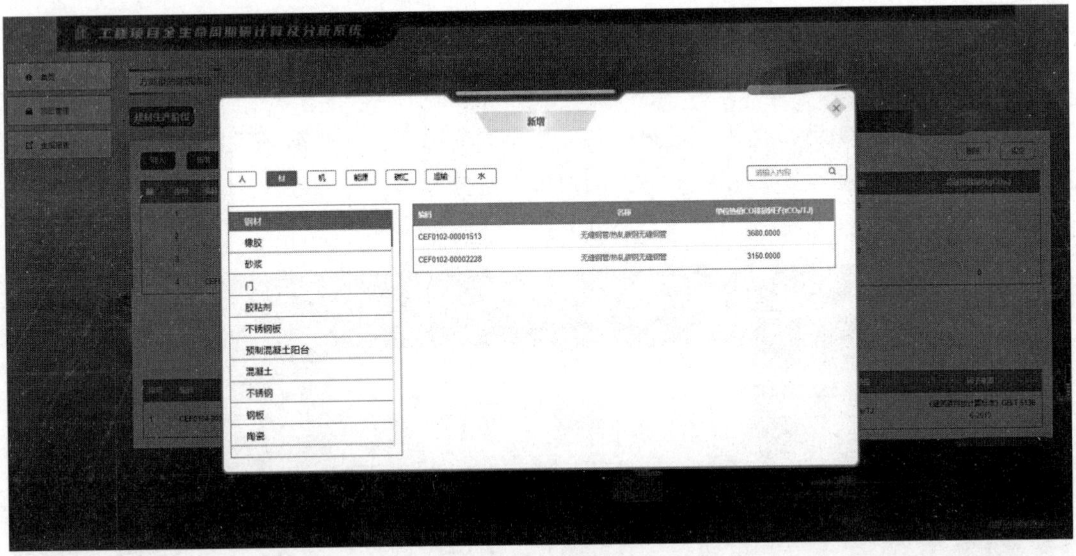

图 6-7 新增

3. 保存并计算

通过"保存并计算"功能,可计算出该阶段总碳排放量及单位面积碳排放量。见图 6-8。

图 6-8 保存并计算

4. 预览报告

选择报告阶段后,可以浏览报告中所选阶段的过程数据、碳排放数据、总碳排放量等数据及图表。见图 6-9 ~ 图 6-12。

图 6-9 选择报告阶段

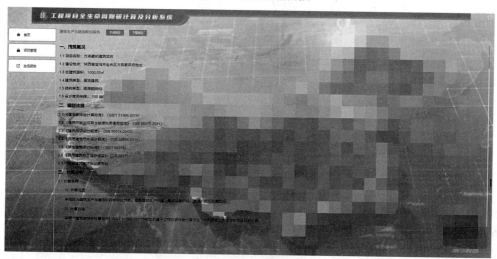

图 6-10 报告预览

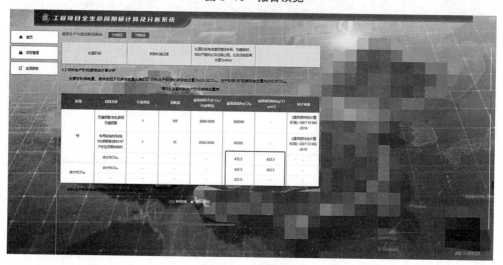

图 6-11 表格展示

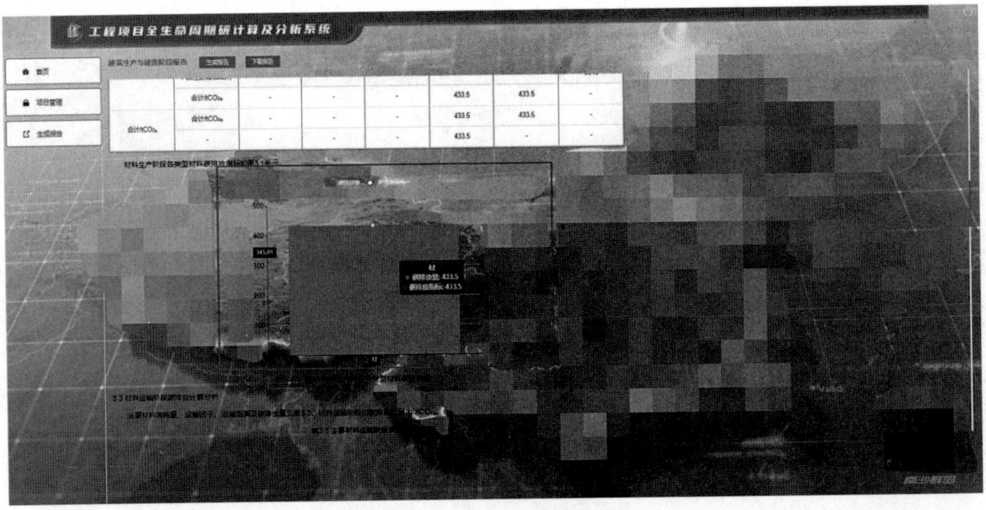

图 6-12　统计图展示

6.4.3　运维阶段碳排放核算

1. 运维阶段实际消耗量

根据实际的情况选择填写暖通空调系统、生活热水系统、照明电梯系统、可再生能源系统及碳汇系统。见图 6-13。

图 6-13　运维阶段参数输入

需要注意的是，在填写表中第五列的时候，有两种情况：

①当在"暖通空调系统–耗能类型"中增加"冷凝剂"时，图 6-12 中第五列是"全球变暖潜能值"，应根据冷凝剂的类型，查表 6-2，选择与冷凝剂类型相对应的全球变暖潜能值，填入系统中。

冷凝剂全球变暖潜能值 表6-2

冷凝剂类型	全球变暖潜能值
R22	1700
R134a	1300
R290	84
R600a	20

②当在任意系统中增加其他"耗能类型"时，第五列是"碳排放因子"，根据建筑所在城市选择对应的碳排放因子，填入表中。此外，如果增加的耗能类型是"电"，则根据建筑所在地区，查表6-3，得到与项目地区相对应的电力碳排放因子，将其填入系统中进行计算。

区域电力碳排放因子 表6-3

电网名称	覆盖区域	碳排放因子（$kgCO_2e/a$）
华北区域电网	北京、天津、河北、山西、山东、蒙西	884.3
东北区域电网	辽宁、吉林、黑龙江、蒙东	776.9
华东区域电网	上海、江苏、浙江、安徽、福建	703.5
华中区域电网	河南、湖北、湖南、江西、四川、重庆	525.7
西北区域电网	陕西、甘肃、宁夏、青海、新疆	667.1
南方区域电网	广东、广西、云南、贵州、海南	527.1

这里需要注意，碳排放因子单位中的"a"需要和计量单位保持一致。如：

耗能类型：电

计量单位：$MW \cdot h$

碳排放因子：$kgCO_2e/MW \cdot h$

2. 运维阶段计算消耗量

（1）暖通空调系统

建筑信息：当前展示的建筑信息是创建项目时确定的，需要根据建筑所在区域，通过查表确定对应的电网电力碳排放因子。

电力碳排放因子：根据建筑所在区域，选择对应的电网。

在做该部分系统的碳排放计算时，需要根据设计文件选择合适的热工区划、电力碳排放因子、供暖形式/制冷形式、冷凝剂类型、冷凝剂充注量等参数。见图6-14。

（2）生活热水

生活热水系统需要输入的参数包括热水系统类型、平均日用水量、建筑容纳人数、热

图 6-14 暖通空调系统计算结果

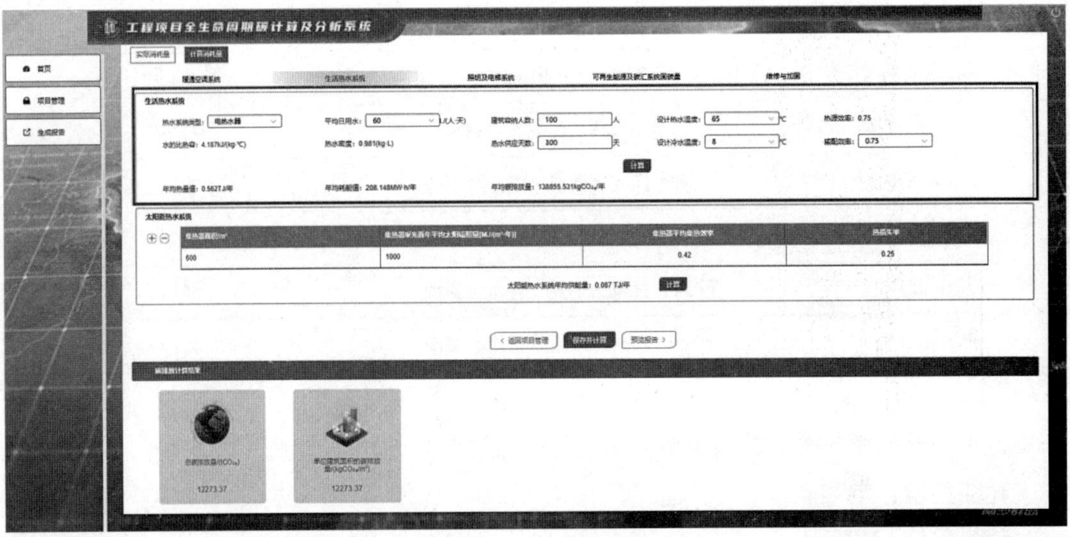

图 6-15 生活热水计算

水供应天数、设计冷热水温度及输配效率。见图 6-15。

太阳能热水系统主要计算该系统的年均供能量，将其在暖通空调系统中进行扣除，这部分包含集热器面积、集热器采光面年均太阳辐照量、集热器平均集热效率及热损失率各参数，根据设计文件获得。通过计算得出生活热水系统总碳排放量。见图 6-16。

（3）照明及电梯系统

照明及电梯系统主要包括两部分内容的计算：照明系统和电梯系统。

①照明系统主要包括房间类型、照明面积、照明功率密度、年均照明数等，通过这些参数可计算出对应房间的年均耗电量及总耗电量。需要注意的是，表中添加的房间类型应包含该项目建筑的所有类型的房间。见图 6-17。

图 6-16 太阳能生活热水计算

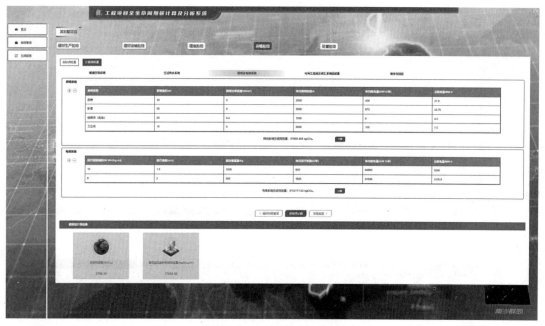

图 6-17 照明系统计算

②电梯系统包括电梯运行能耗指标、运行速度、额定载重量、年均运行时数等，根据这些参数可以计算出年均耗电量及总耗电量。见图 6-18、图 6-19。

（4）可再生能源及碳汇系统固碳量

①可再生能源系统包括系统名称、供能类型、计量单位等，根据这些参数计算出对应的固碳量。见图 6-20。

②碳汇系统主要是对绿化的统计，包括种植方式、种植面积、固碳因子等，根据这些参数计算出碳汇系统固碳量。见图 6-21。

图 6-18 电梯系统计算

图 6-19 照明及电梯系统计算

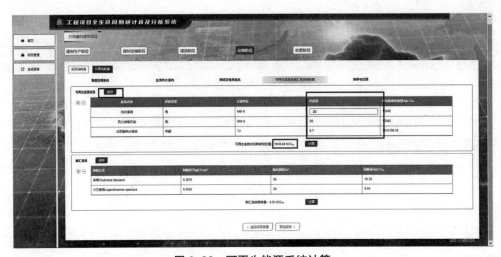

图 6-20 可再生能源系统计算

图 6-21　碳汇系统计算

（5）维修与加固

该部分的碳排放计算与"建材生产阶段"的操作流程类似。见图 6-22。

图 6-22　维修与加固计算

6.4.4　生成报告

将各个阶段的碳排放核算完成后，进行报告生成。本案例仅用于该碳核算系统操作方法的演示和报告模板的展示，相关数据仅供参考。"某别墅项目"的碳排放分析报告如下：

报告

一、建筑概况

项目概况：某别墅项目，总建筑面积为 380m²，高度为 10m，占地面积为 55.02m²，使用年限为 50 年。选用"工程项目全生命周期碳计算及分析系统"软件进行建筑碳排放分析，将工程量清单导入"工程项目全生命周期碳计算及分析系统"软件中，再选择相应的参数进行各阶段碳排放分析。该项目所涉及的所有碳排放因子类型有：人、材、机、能源、运输、水及碳汇。

1.1 项目名称：某别墅项目

1.2 建设地点：上海市黄浦区××街道

1.3 总建筑面积：380.00m²

1.4 建筑类型：底层别墅

1.5 结构类型：框架结构

1.6 设计使用年限：50年

二、编制依据

2.1 《建筑碳排放计算标准》（GB/T 51366—2019）

2.2 《建筑节能与可再生能源利用通用规范》（GB 55015—2021）

2.3 《建筑照明设计标准》（GB 50034—2013）

2.4 《民用建筑节水设计标准》（GB 50555—2010）

2.5 《绿色建筑评价标准》（GB/T 50378—2019）

2.6 《民用建筑热工设计规范》（GB 50176—2016）

2.7 广东省《建筑碳排放计算导则（试行）》

三、计算分析

3.1 计算条件

1）计算范围

本项目为建筑生产与建造阶段碳排放分析，包含建材生产阶段、建材运输阶段、建造阶段和处置阶段。

2）计算方法

采用《建筑碳排放计算标准》（GB/T 51366—2019）中规定的基于过程的碳排放计算方法，并利用投入产出分析方法补充计算。

3）数据来源

建筑碳排放各阶段数据来源，见表3.1。

建筑碳排放数据来源 表3.1

项目阶段	碳排放活动	数据来源	备注
材料生产阶段	建材生产过程	材料消耗量根据设计图和工程造价文件汇总得到，碳排放因子取自《建筑碳排放计算标准》（GB/T 51366—2019）、企业因子库等国内研究资料	
材料运输阶段	建材运输过程	材料运输距离，按《建筑碳排放计算标准》（GB/T 51366—2019），预拌灰土、砂浆和混凝土的运输距离取40km，其余材料运输距离均取500km	
建造阶段	建造机械过程	施工机械消耗量根据预算文件中的"人材机"表确定，机械台班能耗由施工机械台班费用定额获得	

项目阶段	碳排放活动	数据来源	备注
运维阶段	建筑使用过程	建筑使用能耗量可采用直接测量或记录的数据、区域统计平均值、能耗数值模拟结果，以及相关规范标准的规定值。建筑各房间照明功率密度取值依据《建筑节能与可再生能源利用通用规范》（GB 55015—2021），年照明时数按《建筑碳排放计算标准》（GB/T 51366—2019）取值	
处置阶段	拆除机械过程	处置阶段考虑建筑整体拆除、构件破碎、场地平整和垃圾运输过程。垃圾运输距离估算为 40km	

3.2 材料生产阶段碳排放计算分析

主要材料消耗量、碳排放因子及碳排放量见表 3.2。材料生产阶段的碳排放总量为 470.62tCO$_2$e，生产阶段"人"的碳排放总量为 0.53tCO$_2$e，生产阶段"材"的碳排放总量为 469.94tCO$_2$e，生产阶段"水"的碳排放总量为 0.15tCO$_2$e。

主要材料生产阶段碳排放量表　　　　表 3.2

类别	材料名称	计量单位	消耗量	碳排放因子 /（kgCO$_2$e/计量单位）	碳排放量 /kgCO$_2$e	碳排放指标 /（kgCO$_2$e/m^2）	因子来源
人	建筑工人 / 三类工 / 二类工 / 一类工	工日	140	3.77	527.8	—	企业因子库
	合计 /tCO$_2$e	—	—	—	0.53	1.39	—
材	页岩实心砖	m^3	142.85	292.00	41712.2	—	企业因子库
	M5 混合砂浆 / 混合砂浆 砂浆强度等级 M5	t	32.88	134.00	4405.92		企业因子库
	铁制品 / 铁铆钉 / 铁钉 / 铁砂布 / 铁搭扣	kg	0.02	1.53	0.03		企业因子库
	木材 / 木材废弃物 / 植物的木质化组 / 周转木材；软材；硬材 / 周转木材 / 锯（木）屑	m^3	1.21	72.41	87.62		企业因子库
	胶焊条	t	1.02	3360.00	3427.2		企业因子库
	腻子粉	kg	17350	0.21	3643.5		企业因子库
	塑钢门	m^2	88.57	0.90	79.71		企业因子库
	砂石	t	68.58	12.00	822.96		企业因子库
	水泥	kg	20000	0.792	15840		企业因子库
	UPVC 排水管 /UPVC 承压雨水管	m	600	0.94	564		企业因子库
	1：1 水泥砂浆	t	5.9	365.00	2153.5		企业因子库
	C30 混凝土 / 商品混凝土 C30（泵送）/C30 预拌混凝土（泵送）	m^3	1.55	295.00	457.25		企业因子库

续表

类别	材料名称	计量单位	消耗量	碳排放因子 / (kgCO₂e/ 计量单位)	碳排放量 / kgCO₂e	碳排放指标 / (kgCO₂e/m²)	因子来源
	镀锌丝堵	t	0.02	2350.00	47	—	企业因子库
	BX 铜芯橡皮线	kg	2412	9.41	22696.92	—	企业因子库
	镀锌管卡 / 镀锌管卡（钢管用）	t	0.66	2350.00	1551	—	企业因子库
	C25 预拌混凝土	m³	70.71	148.00	10465.08	—	企业因子库
	镀锌钢板 / 碳钢电镀锌板卷 / 热镀锌 / 钢板 / 卡式轻钢龙骨 / 卡具 / 零星卡具 / 镀锌扁钢 / 钢锯条	t	0.01	3020.00	30.2		企业因子库
	复合木模板	100m²	0.13	397.698	51.7	—	企业因子库
	合成树脂乳液涂料	kg	3864	4.12	15919.68	—	企业因子库
	油漆 / 漆	kg	6	3.50	21	—	企业因子库
材	花线	m	9283.5	1.57	14575.1	—	企业因子库
	无缝钢管 DN150	m	3000	46.20	138600	—	企业因子库
	型钢（综合）	t	0.14	1789.06	250.47	—	企业因子库
	M10 混合砂浆 / 混合砂浆 246.1 砂浆强度等级 M10	t	39.82	185.00	7366.7	—	企业因子库
	标准砖 / 配砖	千块	246.1	504.00	124034.4	—	企业因子库
	石膏粉 / 石膏粉325目	kg	6.51	0.21	1.37	—	企业因子库
	楼梯木模板木支撑 / 支撑杆件	100m²	0.13	52.843	6.87	—	企业因子库
	再生橡胶卷材	m²	26.11	48.90	1276.78	—	企业因子库
	热轧钢筋	t	19	3150.00	59850	—	企业因子库
	合计 /tCO₂e	—	—	—	469.94	1236.68	—
水	自来水	t	879.12	0.168	147.69		企业因子库
	合计 /tCO₂e	—	—	—	0.15	0.39	—
合计 / tCO₂e	合计 /tCO₂e	—	—	—	470.62	1238.47	—

材料生产阶段各类型材料碳排放指标如图 3.1 所示。

3.3 材料运输阶段碳排放计算分析

主要材料消耗量、运输因子、运输距离及碳排放量见表 3.3。材料运输阶段的碳排放总量为 201946.23tCO₂e，材料运输"材"的碳排放总量为 201872.38tCO₂e，材料运输"水"的碳排放总量为 73.85tCO₂e。

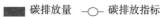

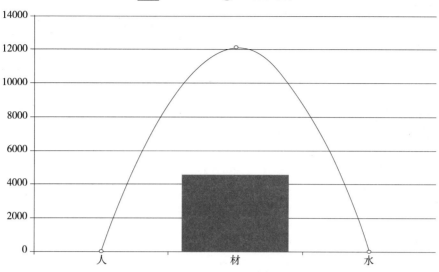

图 3.1　材料生产阶段各类型材料碳排放量

主要材料运输阶段碳排放量表　　　　　　　　　　表 3.3

类别	材料名称	计量单位	消耗量	运输因子 /（kgCO₂e/计量单位）	运输距离 /km	碳排放量 /kgCO₂e	碳排放指标 /（kgCO₂e/m²）	因子来源
材	塑钢门	m²	88.57	0.90	500	39856.5	—	企业因子库
	胶焊条	t	1.02	3360.00	500	1713600	—	企业因子库
	油漆 / 漆	kg	6	3.50	500	10500	—	企业因子库
	C30 混凝土	m³	1.55	344.44	40	21355.28	—	企业因子库
	普通硅酸盐水泥	t	20	735.00	40	588000	—	企业因子库
	镀锌钢板 / 碳钢电镀锌板卷 / 热镀锌 / 钢板 / 卡式轻钢龙骨 / 卡具 / 零星卡具 / 镀锌扁钢 / 钢锯条	t	0.01	3020.00	500	15100	—	《建筑碳排放计算标准》GB/T 51366—2019
	腻子粉	kg	17350	0.21	500	1821750	—	企业因子库
	C25 预拌混凝土	m³	70.71	148.00	40	418603.2	—	企业因子库
	无缝钢管 DN150	m	3000	46.20	500	69300000	—	企业因子库
	热轧碳钢钢筋	t	19	2340.00	500	22230000	—	企业因子库
	UPVC 排水管 /UPVC 承压雨水管	m	600	0.94	500	282000	—	《建筑碳排放计算标准》GB/T 51366—2019
	木材 / 木材废弃物 / 植物的木质化组 / 周转木材；硬材 / 周转木材 / 锯（木）屑	m³	1.21	72.41	500	43808.05	—	企业因子库

续表

类别	材料名称	计量单位	消耗量	运输因子 /（kgCO$_2$e/ 计量单位）	运输距离 /km	碳排放量 / kgCO$_2$e	碳排放指标 /（kgCO$_2$e/ m^2）	因子来源
材	标准砖 / 配砖	千块	246.1	504.00	500	62017200		企业因子库
	热轧碳钢小型型钢	t	0.14	2310.00	500	161700	—	企业因子库
	M5 混合砂浆 / 混合砂浆 砂浆强度等级 M5	t	32.88	134.00	40	176236.8	—	企业因子库
	镀锌管卡 / 镀锌管卡（钢管用）	t	0.66	2350.00	500	775500	—	企业因子库
	M10 混合砂浆 / 混合砂浆　砂浆强度等级 M10	t	39.82	185.00	40	294668	—	企业因子库
	镀锌丝	t	0.02	2350.00	500	23500	—	企业因子库
	页岩实心砖	m^3	142.85	292.00	500	20856100	—	企业因子库
	石膏粉 / 石膏粉 325 目	kg	6.51	0.21	500	683.55	—	企业因子库
	合成树脂乳液涂料	kg	3864	4.12	500	7959840	—	企业因子库
	BX 铜芯橡皮线	kg	2412	9.41	500	11348460	—	《建筑碳排放计算标准》GB/T 51366—2019
	砂	t	68.58	12.00	40	32918.4	—	企业因子库
	再生橡胶卷材	t	26.11	48.90	500	638389.5	—	企业因子库
	铁制品 / 铁铆钉 / 铁钉 / 铁砂布 / 铁搭扣	m^2	0.02	1.53	500	15.3	—	企业因子库
	复合木模板	100m^2	0.13	397.698	500	25850.37	—	《建筑碳排放计算标准》GB/T 51366—2019
	1∶1 水泥砂浆	t	5.9	365.00	500	1076750	—	企业因子库
	合计 /tCO$_2$e	—	—	—	—	201872.38	531243.12	—
水	自来水	t	879.12	0.168	500	73846.08	—	企业因子库
	合计 /tCO$_2$e	—	—	—	—	73.85	194.33	—
合计 / tCO$_2$e	合计 /tCO$_2$e	—	—	—	—	201946.23	531437.45	—

材料运输阶段各类型材料碳排放指标如图 3.2 所示。

3.4　建造阶段碳排放计算分析

建造阶段碳排放量计算结果见表 3.4。建造阶段的碳排放总量为 120.47tCO$_2$e，建造阶段"人"的碳排放总量为 6.47tCO$_2$e，建造阶段"材"的碳排放总量为 110.61tCO$_2$e，建造阶段"机"的碳排放总量为 2.72tCO$_2$e，建造阶段"能源"的碳排放总量为 0.5tCO$_2$e，建造阶段"碳汇"的碳排放总量为 0.03tCO$_2$e，建造阶段"水"的碳排放总量为 0.14tCO$_2$e。

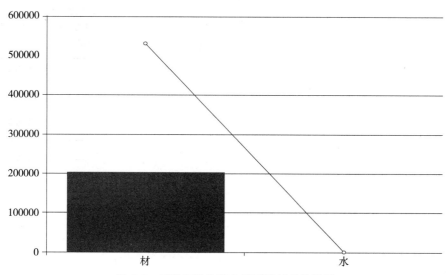

图 3.2 材料运输阶段各类型材料碳排放量

建造阶段碳排放量　　　　　　　　　　　　　　　　表 3.4

类别	材料名称	计量单位	消耗量	碳排放因子 /（kgCO₂e/ 计量单位）	碳排放量 / kgCO₂e	碳排放指标 /（kgCO₂e/m²）	因子来源
人	三类工	工日	1035.91	3.7700	3905.38	—	企业因子库
	二类工	工日	440	3.7700	1658.8	—	企业因子库
	一类工	工日	225.84	3.7700	851.42	—	企业因子库
	技工	工日	74.09	0.7300	54.09	—	企业因子库
	合计 /tCO₂e	—	—	—	6.47	17.03	—
材	型钢（综合）	t	0.13	1789.0600	232.58	—	企业因子库
	复合木模板	100m²	0.13	397.6980	51.7	—	《建筑碳排放计算标准》GB/T 51366—2019
	不锈钢板	m²	132	77.0000	10164	—	企业因子库
	铁制品 / 铁铆钉 / 铁钉 / 铁砂布 / 铁搭扣	kg	658	1.5300	1006.74	—	企业因子库
	无缝钢管 DN150	m	2043.6	46.2000	94414.32	—	企业因子库
	木材制品	m³	1.21	0.2000	0.24	—	企业因子库
	不锈钢钉 304	t	0.02	1789.0600	35.78	—	企业因子库
	楼梯木模板	100m²	89	52.8430	4703.03	—	企业因子库
	里脚手架钢管	100m²	0.46	5.0620	2.33	—	企业因子库
	合计 /tCO₂e	—	—	—	110.61	291.08	—
机	灰浆搅拌机	台班	15.38	5.0000	76.9	—	企业因子库

71

续表

类别	材料名称	计量单位	消耗量	碳排放因子/（kgCO₂e/计量单位）	碳排放量/kgCO₂e	碳排放指标/（kgCO₂e/m²）	因子来源
机	汽车式起重机	计量单位	1.24	154.4800	191.56	—	企业因子库
	木工圆锯机	kW·h	10.81	0.8676	9.38	—	企业因子库
	内燃单级离心清水泵	台班	51.34	10.0000	513.4	—	企业因子库
	电动单筒慢速卷扬机	台班	36	15.0000	540	—	企业因子库
	夯实机（电动）	台班	27.19	16.7700	455.98	—	企业因子库
	混凝土振捣器/振动器（插入式）/振动器（平板式）	台班	6.15	2.0000	12.3	—	企业因子库
	钢筋弯曲机	kW·h	9.76	0.8676	8.47	—	企业因子库
	钢筋切断机	kW·h	3.94	0.8676	3.42	—	企业因子库
	钢筋调直机	kW·h	0.49	6.0000	2.94	—	企业因子库
	混凝土振动器（振捣器）	台班	34.78	19.0000	660.82	—	《建筑碳排放计算标准》GB/T 51366—2019
	塔式起重机	台班	8.61	29.0000	249.69	—	企业因子库
	合计/tCO₂e	—	—	—	2.72	7.17	—
能源	华东区域电网	kW·h	620	0.8086	501.33	—	企业因子库
	合计/tCO₂e	—	—	—	0.5	1.32	—
碳汇	道路绿地	m²	10	3.4127	34.13	—	企业因子库
	合计/tCO₂e	—	—	—	0.03	0.09	—
水	自来水	t	817.91	0.1680	137.41	—	企业因子库
	合计/tCO₂e	—	—	—	0.14	0.36	—
合计/tCO₂e	合计/tCO₂e	—	—	—	120.47	317.03	—

建造阶段各类型材料碳排放指标如图 3.3 所示。

3.5　运维阶段碳排放计算

运维阶段碳排放量计算包含建筑采暖、照明、生活热水与维修维护四个部分，设计使用年限为 50 年。运维阶段碳排放量的计算分两种情况：按照实际能耗进行碳排放量的实测值计算和根据各相关标准的规定值进行碳排放量的预估值计算。本案例按照设计文件进行碳排放核算。

3.5.1　计算消耗量

采暖系统能耗根据需热量和热水综合效率计算；照明系统耗电量根据照明功率密度、面积和照明时数计算；生活热水系统用电量根据热水需热量及热水器热水机组性能系数计算，相应碳排放量计算结果如表 3.5 所示。

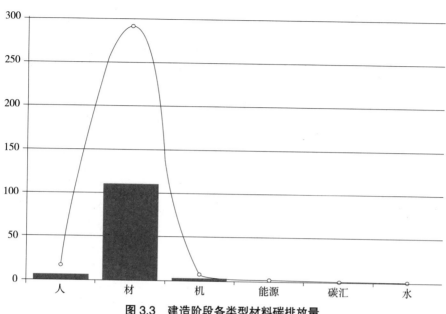

图 3.3　建造阶段各类型材料碳排放量

日常运行碳排放量　　　　　　　　　　　　　　　　　　　　　表 3.5

系统类型	碳排放源	年消耗量 / (kW·h)	消耗总量 / (MW·h)	碳排放量 /tCO$_2$e	碳排放指标 / (kgCO$_2$e/m^2)
暖风空调系统	集中供暖	2620	131	35.45	93.28
	空调制冷	3800	190	25.32	66.63
生活热水系统	热水机组	42026.8	2101.34	1983.1	5218.67
照明及电梯系统	起居室	1081.08	54.05	38.02	100.06
	储物间	—	—	—	—
	卫生间	297.99	14.9	10.48	27.58
	卧室	958.23	47.91	33.7	88.7
	厨房	44.35	2.22	1.56	4.11
	楼梯间（应急）	57.47	2.87	2.02	5.31
	餐厅	73.35	3.67	2.58	6.79
	电梯用电	7.88	0.39	0.27	0.72
合计 /tCO$_2$e	—	—	—	2132.5	5611.84

可再生能源系统供能量见表 3.6，碳汇系统固碳量见表 3.7。

运维阶段各类型材料碳排放指标如图 3.4 所示。

可再生能源系统供能量 表3.6

系统类型	供能类型	计量单位	供能量	碳排放量 /kgCO₂e	碳排放指标 /（kgCO₂e/m²）
光伏系统	电	MW·h	0.2	0.14	0.37
风力发电机组	电	MW·h	0.2	0.14	0.37
太阳能热水系统	热能	TJ	0.19	36.19	95.24
合计 /tCO₂e	—	—	—	36.47	95.97

碳汇系统固碳量 表3.7

种植方式	固碳因子 /（kgCO₂e/m²）	绿化面积 /m²	固碳量 /kgCO₂e
美人蕉 Canna generalis	1.13	5	5.64
居住区绿地	1.16	5	5.8
大小乔木、灌木、花草密植混种区（乔木平均种植间距）<3.0m，土壤深度 >1.0m	27.5	10	275
地毯草 Axonopus affonis	0.81	30	24.33
合计 /tCO₂e	—	—	0.31

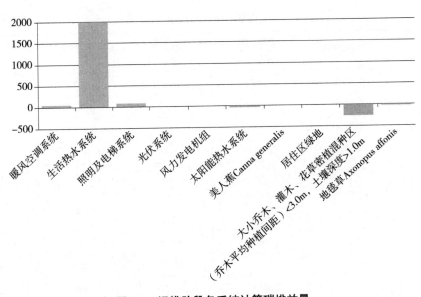

图 3.4　运维阶段各系统计算碳排放量

3.6　处置阶段碳排放计算分析

该项目在设计阶段尚未明确拆除方法、方案，可按拆除体积直接估算碳排放量，处置阶段考虑建筑整体拆除、构件破碎、场地平整和垃圾运输过程，相应工程量分别为 380.00m²、836.00t、55.00m² 和 66880.00t·km（垃圾运输距离估算为 40km），碳排放因子分别取

7.8kgCO$_2$e/m^2、2.85kgCO$_2$e/t、0.62kgCO$_2$e/m^2、0.179kgCO$_2$e/（t·km）。相应的碳排放总量分别为2.96tCO$_2$e、2.38tCO$_2$e、0.03tCO$_2$e、11.97tCO$_2$e，处置阶段碳排放总量为17.34tCO$_2$e。工程量、碳排放因子及碳排放量见表3.8。

处置阶段碳排放量

表3.8

项目	计量单位	工程量	碳排放因子/（kgCO$_2$e/计量单位）	碳排放量/kgCO$_2$e	碳排放指标/（kgCO$_2$e/m^2）	占比/%	因子来源
建筑整体拆除	m^3	380	7.8	2960	—	17	企业因子库
构建破碎	t	836	2.85	2380	—	14	企业因子库
场地平整	m^2	55	0.62	30	—	—	企业因子库
垃圾运输	t·km	66880	0.179	11970	—	69	企业因子库
合计/tCO$_2$e	—	—	—	17.34	45.63		

处置阶段各类型材料碳排放指标如图3.5所示。

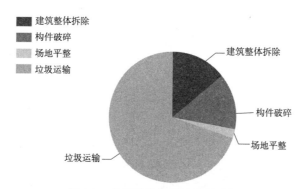

图3.5 处置阶段各项目碳排放量

四、建筑生产与建造碳排放量构成及分析

根据以上计算结果，汇总得到的碳排放总量、碳排放指标及各阶段占比情况见表4.1。

生产建造阶段碳排放计算结果汇总

表4.1

项目阶段	碳排放量/kgCO$_2$e	单位建筑面积碳排放量/（kgCO$_2$e/m^2）	占比%
材料生产阶段	470.61	1238.46	0
材料运输阶段	201946.23	531437.45	99
建造阶段	120.48	317.05	0
运维阶段	2131.91	5610.29	1
处置阶段	17.34	45.63	0
全生命周期	204686.57	538648.88	100

　　建筑生产与建造碳排放总量计算结果为 204686.57tCO_2e，单位建筑面积的碳排放指标为 538648.88kgCO_2e/m²，其中材料生产阶段、材料运输阶段、建造阶段、运维阶段、处置阶段的碳排放指标分别为 1238.46kgCO_2e/m²、531437.45kgCO_2e/m²、317.05kgCO_2e/m²、5610.29kgCO_2e/m²、45.63kgCO_2e/m²。材料运输阶段对碳排放总量的贡献最高，约占 99.00%；处置阶段碳排放量贡献最小，约占 0.00%。

第7章 碳排放核查专业知识与能力

7.1 碳排放核查概述

碳排放核查是指根据行业温室气体排放核算方法、报告指南以及相关规范，由省级主管部门组织对重点排放单位报告的温室气体排放量等相关信息进行全面核实的过程，是进行温室气体排放配额分配和清缴的依据。重点排放单位是指年度温室气体排放量达到 2.6 万吨二氧化碳当量及以上的企业或其他经济组织。碳排放核查可以用于对企业或经济组织进行温室气体排放报告的核查，此外，还可以应用于碳排放权交易试点的温室气体排放报告的核查，以及基于科研或其他目的的温室气体排放报告核查工作。

温室气体排放报告是指排放单位根据生态环境部制定的温室气体排放核算方法、报告指南和相关技术规范编制的报告。报告包括重点排放单位的温室气体排放量、排放设施、排放源、核算边界、核算方法、活动数据和排放因子等信息，并附有原始记录和台账等内容。

7.2 核查原则和依据

7.2.1 核查原则

碳核查机构在准备、实施和报告核查和复查工作时，应遵循以下基本原则：

1. 客观独立

核查机构应保持独立于受核查企业，避免偏见及利益冲突，在整个核查活动中保持客观的原则。

2. 诚实守信

核查机构应具有高度的责任感，确保核查工作的完整性和保密性。

3. 公平公正

核查机构应真实、准确地反映核查活动中的发现和结论，还应如实报告核查活动中所遇到的重大障碍，以及未解决的分歧意见。

4. 专业严谨

核查机构应具备核查必要的专业技能，能够根据任务的重要性和委托方的具体要求，利用其职业素养进行严谨判断。

为保持核查机构的客观独立、诚实守信、公正公开、专业严谨和保密要求，从以下几个方面进行规范管理：

（1）不允许核查机构与当地受核查企业存在咨询服务、碳资产管理等业务往来，如经发现，取消核查机构资格；

（2）建立统一、通畅、便捷的技术交流平台，遇到重大技术问题、难解决的分歧能够第一时间得到沟通解决；

（3）进一步规范核查、复查工作流程，利用简便但规范的流程和合同约定确保核查员审核过程规范、廉洁自律、遵守保密义务；

（4）对于核查机构确认的核查结果，除非有明显的或者原则性的错误外，需要予以认可，避免主管部门和企业对核查结果进行过多的干预。

7.2.2 核查依据

对排放单位编制的温室气体排放报告的核查，依据以下文件规定开展：

1.《碳排放权交易管理办法（试行）》。

2.24个重点行业企业温室气体排放报告核查指南（试行）。

3.相关标准和技术规范。

7.3 核查程序

7.3.1 核查工作流程

核查工作包括核查安排、建立核查技术工作组、文件评审、建立现场核查组、实施现场核查、出具《核查结论》、告知核查结果、保存核查记录等八个步骤，核查工作流程如图7-1所示。

7.3.2 建立核查技术工作组

省级主管部门或第三方技术服务机构应根据核查任务和进度安排，建立一个或多个核查技术工作组开展如下工作：

1.实施文件评审。

2.完成《文件评审表》（见附录三），提出《现场核查清单》（见附录四）的现场核查要求。

3.提出《不符合项清单》（见附录五），交给重点排放单位整改，验证整改是否完成。

4.出具《核查结论》（见附录六）。

5.对未提交排放报告的重点排放单位，按照保守性原则对其排放量及相关数据进行测算。核查技术工作组的工作可由省级主管部门及其直属机构承担，也可通过政府购买服务的方式委托技术服务机构承担。核查技术工作组至少由2名成员组成，其中1名为负责人（组长），至少1名成员具备被核查的重点排放单位所在行业的专业知识和工作经验。核查

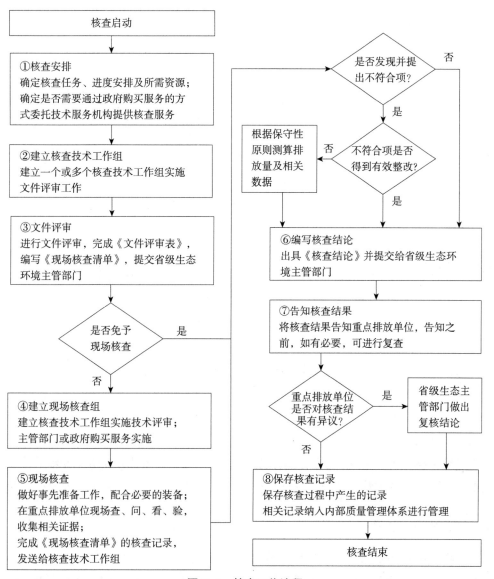

图 7-1　核查工作流程

技术工作组负责人应充分考虑重点排放单位所在的行业领域、工艺流程、设施数量、规模与场所、排放特点、核查人员的专业背景和实践经验等方面的因素，确定成员的任务分工。

7.3.3　文件评审

核查技术工作组应根据住建领域的温室气体排放核算方法与报告指南（以下简称核算指南）、相关技术规范，对重点排放单位提交的排放报告及数据质量控制计划等支撑材料进行文件评审，重点评审生产工艺流程、核算边界、碳排放源、活动数据、排放因子、核算方法等信息，发现碳排放报告中的问题，初步确认重点排放单位的温室气体排放量和相关信息的符合情况，识别现场核查重点，提出现场核查时间、需访问的人员、需观察的设施、设备或操作以及需查阅的支撑文件等现场核查要求，并按附录三和附录四的格式分别填写完成《文件评审表》和《现场核查清单》提交省级主管部门。

核查技术工作组可根据核查工作需要，调阅重点排放单位提交的相关支撑材料如组织机构图、厂区分布图、工艺流程图、设施台账、生产日志、监测设备和计量器具台账、支撑报送数据的原始凭证，以及数据内部质量控制和质量保证相关文件和记录等。核查技术工作组应将重点排放单位存在的如下情况作为文件评审重点：

1. 投诉举报企业温室气体排放量和相关信息存在的问题；

2. 日常数据监测发现企业温室气体排放量和相关信息存在的异常情况；

3. 上级主管部门转办交办的其他有关温室气体排放的事项。

7.3.4　建立现场核查组

核查工作组根据核查计划实施现场核查，验证受核查重点排放单位核算边界的界定、排放源的识别、活动数据的统计、排放因子的统计或选取、碳排放量的计算等是否符合核查准则的相关要求。

省级主管部门应根据核查任务和进度安排，建立一个或多个现场核查组开展如下工作：

（1）根据《现场核查清单》，对重点排放单位实施现场核查，收集相关证据和支撑材料；

（2）详细填写《现场核查清单》的核查记录并报送核查技术工作组。

为了确保核查工作的连续性，现场核查组成员原则上应为核查技术工作组的成员。对于核查人员调配存在困难等情况，现场核查组的成员可以与核查技术工作组成员不同。

7.3.5　实施现场核查

现场核查的目的是根据《现场核查清单》收集相关证据和支撑材料。对于核查年度之前连续 2 年未发现任何不符合项的重点排放单位，且当年文件评审中未发现存在疑问的信息或需要现场重点关注的内容，经省级主管部门同意后，可不实施现场核查。

1. 核查准备

现场核查组应按照《现场核查清单》做好准备工作，明确核查任务重点、组内人员分工、核查范围和路线，准备核查所需要的装备，如现场核查清单、记录本、交通工具、通信器材、录音录像器材、现场采样器材等。

现场核查组应于现场核查前 2 个工作日通知重点排放单位做好准备。

2. 现场核查

核查工作组组长主持召开有受核查重点排放单位管理层代表、相关部门代表参加的启动会，内容主要包括：

（1）确认核查的目的、范围和准则。

（2）确认核查日程以及相关安排。

（3）介绍核查方法。

（4）宣读保密声明。

（5）确认核查工作组现场工作时的注意事项。

（6）确认核查工作组和受核查重点排放单位之间的正式沟通渠道。

（7）交流答疑。

3. 现场核查方法

核查工作组应制定受核查重点排放单位碳排放核查程序文件，通过查、问、看、验等方法开展现场核查，收集并验证与核查范围、事前询问有关的信息证据。

（1）查：查阅相关文件和信息，包括原始凭证、台账、报表、图纸、会计账册、专业技术资料、科技文献等；保存证据时可保存文件和信息的原件，如保存原件有困难，可保存复印件、扫描件、打印件、照片或视频录像等，必要时，可附文字说明。

（2）问：询问现场工作人员，应多采用开放式提问，获取更多关于核算边界、排放源、数据监测以及核算过程等信息。

（3）看：查看现场排放设施和监测设备的运行，包括现场观察核算边界、排放设施的位置和数量、排放源的种类以及监测设备的安装、校准和维护情况等。

（4）验：通过重复计算验证计算结果的准确性，或通过抽取样本、重复测试确认测试结果的准确性等。

受核查重点排放单位应保证提供真实完整的信息，满足核查工作的需要。必要时核查工作组可采用复印、记录、拍照、摄像等方式收集保存相关信息证据。现场核查组应在现场核查工作结束后 2 个工作日内，向核查技术工作组提交填写完成的《现场核查清单》。

4. 不符合项清单核查

核查技术工作组应在收到《现场核查清单》后 2 个工作日内，对《现场核查清单》中未取得有效证据、不符合核算指南要求以及未按数据质量控制计划执行等情况，在《不符合项清单》（见附录五）中"不符合项描述"一栏如实记录，并要求重点排放单位采取整改措施。

重点排放单位应在收到《不符合项清单》后的 5 个工作日内，填写完成《不符合项清单》中"整改措施及相关证据"一栏，连同相关证据材料一并提交技术工作组。技术工作组应对不符合项的整改进行书面验证，必要时可采取现场验证的方式。

7.3.6　出具《核查结论》

核查技术工作组应根据如下要求出具《核查结论》（见附录六）并提交省级主管部门。

1. 对于未提出不符合项清单内容的，核查技术工作组应在现场核查结束后 5 个工作日内填写完成《核查结论》。

2. 对于提出不符合项清单内容的，核查技术工作组应在收到重点排放单位提交的《不符合项清单》"整改措施及相关证据"一栏内容后的 5 个工作日内填写完成《核查结论》。如果重点排放单位未在规定时间内完成对不符合项的整改，或整改措施不符合要求，核查技术工作组应根据核算指南与生态环境部公布的缺省值，按照保守原则测算排放量及相关数据，并填写完成《核查结论》。

3. 对于经省级主管部门同意不实施现场核查的，核查技术工作组应在省级主管部门作出不实施现场核查决定后 5 个工作日内，填写完成《核查结论》。

7.3.7 告知核查结果

省级主管部门应将《核查结论》告知重点排放单位。如省级主管部门认为有必要进一步提高数据质量，可在告知核查结果之前，采用复查的方式对核查过程和核查结论进行书面或现场评审。

7.3.8 保存核查记录

省级主管部门应以安全和保密的方式保管核查的全部书面（含电子）文件至少 5 年。技术服务机构应将核查过程的所有记录、支撑材料、内部技术评审记录等进行归档保存至少 10 年。

7.4 核查要点

7.4.1 文件评审要点

1. 排放单位基本情况

核查技术工作组应通过查阅排放单位的营业执照、组织机构代码证、机构简介、组织结构图、工艺流程说明、排污许可证、能源统计报表、原始凭证等文件的方式，确认以下信息的真实性、准确性，并核实是否符合数据质量控制计划的要求：

（1）排放单位名称、单位性质、所属国民经济行业类别、统一社会信用代码、法定代表人、地理位置、排放报告联系人、排污许可证编号（如有）等基本信息。

（2）排放单位内部组织结构、主要产品或服务、生产工艺流程、使用的能源品种及年度能源统计报告等情况。

核查组核查建筑物的基本信息，应包括下列内容：土地使用证编号、建筑名称、建筑面积、详细地址、竣工时间、建筑类型、建筑物的实际功能等。

2. 核算边界

核查技术工作组应查阅组织机构图、厂区平面图、标记排放源输入与输出的工艺流程图及工艺流程描述、固定资产管理台账、主要用能设备清单并查阅可行性研究报告及批复、相关环境影响评价报告及批复、排污许可证、承包合同、租赁协议等，确认以下信息的符合性：

（1）核算边界是否与相应行业的核算指南以及数据质量控制计划一致。

（2）纳入核算和报告边界的排放设施和排放源是否完整。

（3）与上一年度相比，核算边界是否存在变更等。

建筑物温室气体排放量化报告所涉及的空间边界可为单栋建筑，也可为多栋建筑，应包括半地下室、地下室。多栋建筑物共用能源系统等服务设施时，宜选择该组建筑群作为温室气体排放量化报告的空间边界。核查技术工作组应确认重点排放单位在报告中建筑物边界内会引起温室气体排放的活动。与建筑物有关的温室气体排放应包括下列内容：

直接温室气体排放：空间边界内的设施为维持建筑物正常使用所消耗的燃料产生的直接温室气体排放，建筑物边界内机动车温室气体排放不应包括在内。

间接温室气体排放：建筑物运行过程中消耗的外购电力、热量和冷量等产生的间接温室气体排放。这部分温室气体并非发生在空间边界内，而是因为维持建筑物正常运行需要消耗能源而造成。

3. 核算方法

核查技术工作组应确认重点排放单位在报告中使用的核算方法是否符合相应行业的核算指南的要求，对任何偏离核算指南的核算方法都应判断其合理性，并在《文件评审表》和《核查结论》中说明。

核查技术工作组应确认重点排放单位在报告中对温室气体活动数据的收集方法进行描述，同时收集相关支撑资料，建筑物不同能源种类的消耗量数据收集方法应符合表 7-1 的规定。

建筑物能源消耗量数据收集方法 　　表 7-1

范围	种类	数据收集方法
直接燃烧排放	煤	间接计量法（能源账单或财务账单）
	天然气	直接计量法（从建筑物楼栋计量总表获取）
	液化石油气	方法 1：直接计量法（从建筑物楼栋计量总表获取） 方法 2：间接计量法（能源账单或财务账单）
	汽油	间接计量法（能源账单或财务账单）
	柴油	间接计量法（能源账单或财务账单）
	煤油	间接计量法（能源账单或财务账单）
	其他	方法 1：直接计量法 方法 2：间接计量法（能源账单或财务账单）
间接排放	电力	直接计量法（从建筑物楼栋计量总表获取或逐户收集数据）
	冷量	直接计量法（从建筑物楼栋计量总表获取或从能源供应端获取）
	热量	直接计量法（从建筑物楼栋计量总表获取或从能源供应端获取）
	其他	方法 1：直接计量法 方法 2：间接计量法（能源账单或财务账单）

4. 核算数据质量管理

核查技术工作组应重点查证核实以下四类数据的真实性、准确性和可靠性。排放单位应建立数据质量管理程序，且应对数据准确性与完整性进行常规检查，定期进行评价，寻求改进数据质量的机会，并应符合表 7-2 的要求：

建筑物温室气体排放数据质量管理内容　　　　　　　　　　　　　表 7-2

序号	项目	管理项目	管理内容
1	活动数据	审核活动数据的完整性、真实性、正确性	（1）核对计量表数据 （2）核对能源账单、财务账单等记录 （3）核对活动数据单位是否正确
2	排放因子	核实是否采用规定的排放因子	（1）报告中的排放因子值是否与确定的排放因子一致 （2）核对排放因子单位是否正确 （3）对有变化的排放因子是否有足够的依据和解释说明
3	排放量计算过程	核实计算过程、数据处理步骤是否正确	（1）是否采用规定的量化方法 （2）计算过程、数据处理步骤是否正确 （3）计算结果和汇总结果数据是否正确
4	表单数据	输入数据的正确性	核对数据输入的完整性和正确性

（1）活动数据

核查技术工作组应依据核算指南，对重点排放单位排放报告中的每一个活动数据的来源及数值进行核查。核查的内容应包括活动数据的单位、数据来源、监测方法、监测频次、记录频次、数据缺失处理等。针对需要使用抽样方法进行验证的情况，应考虑抽样方法、抽样数量以及样本的代表性。

如果活动数据的获取使用了监测设备，技术工作组应确认监测设备是否得到了维护和校准，维护和校准是否符合核算指南和数据质量控制计划的要求。技术工作组应确认因设备校准延迟而导致的误差是否根据设备的精度或不确定度进行了处理，以及处理的方式是否会低估排放量或过量发放配额。

针对核算指南中规定的可以自行检测或委托外部实验室检测的关键参数，技术工作组应确认重点排放单位是否具备测试条件，是否依据核算指南建立内部质量保证体系并按规定留存样品。如果不具备自行测试条件，委托的外部实验室是否有中国计量认证（CMA）资质认定或中国合格评定国家认可委员会（CNAS）的认可。核查技术工作组应将每一个活动数据与其他数据来源进行交叉核对，其他数据来源可包括燃料购买合同、能源台账、月度生产报表、购售电发票、供热协议及报告、化学分析报告、能源审计报告等。

（2）排放因子

核查技术工作组应依据核算指南对重点排放单位排放报告中的每一个排放因子和计算系数（以下简称排放因子）的来源及数值进行核查。如果排放因子采用默认值，技术工作组应确认默认值是否与核算指南中的默认值一致。如果排放因子采用实测值，技术工作组至少应对排放因子的单位、数据来源、监测方法、监测频次、记录频次、数据缺失处理（如适用）等内容进行核查，并对每一个排放因子的符合性进行报告。如果排放因子数据的核查采用了抽样的方式，技术工作组应在核查报告中详细报告样本选择的原则、样本数量以及抽样方法等内容。

如果排放因子数据的监测使用了监测设备，技术工作组应采取与活动数据监测设备同样的核查方法。

在核查过程中，技术工作组应将每一个排放因子数据与其他数据来源进行交叉核对，其他的数据来源可包括化学分析报告、IPCC 默认值、省级温室气体清单指南中的默认值等。当排放因子采用默认值时，可以不进行交叉核对。

（3）排放量计算过程

核查技术工作组应对排放报告中排放量的核算结果进行核查，通过验证排放量计算公式是否正确、排放量的累加是否正确、排放量的计算是否可再现等方式确认排放量的计算结果是否正确。通过对比以前年份的排放报告，通过分析生产数据和排放数据的变化和波动情况确认排放量是否合理等。

（4）表单数据

核查技术工作组依据核算指南和数据质量控制计划对每一个表单数据进行核查，并与数据质量控制计划规定之外的数据源进行交叉验证。核查内容应包括数据的单位、数据来源、监测方法、监测频次、记录频次、数据缺失处理等。

5. 质量保证和文件存档

核查技术工作组应对重点排放单位的质量保证和文件存档执行情况进行核查：

（1）是否建立了温室气体排放核算和报告的规章制度，包括负责机构和人员、工作流程和内容、工作周期和时间节点等；是否指定了专职人员负责温室气体排放核算和报告工作。

（2）是否定期对计量器具、监测设备进行维护管理；维护管理记录是否已存档。

（3）是否建立健全温室气体数据记录管理体系，包括数据来源、数据获取时间以及相关责任人等信息的记录管理；是否形成碳排放数据管理台账记录并定期报告，确保排放数据可追溯。

（4）是否建立温室气体排放报告内部审核制度，定期对温室气体排放数据进行交叉校验，对可能产生的数据误差风险进行识别，并提出相应的解决方案。

6. 数据质量控制计划及执行

核查技术工作组应从以下几个方面确认数据质量控制计划是否符合核算指南的要求：

（1）版本及修订

核查技术工作组应确认数据质量控制计划的版本和发布时间与实际情况是否一致。如有修订，应确认修订满足下述情况之一或相关核算指南规定：

1）因排放设施发生变化或使用新燃料、物料产生了新排放。

2）采用新的测量仪器和测量方法，提高了数据的准确度。

3）发现按照原数据质量控制计划的监测方法核算的数据不正确。

4）发现修订数据质量控制计划可提高报告数据的准确度。

5）发现数据质量控制计划不符合核算指南要求。

（2）重点排放单位情况

核查技术工作组可通过查阅其他平台或相关文件中的信息源（如国家企业信用信息公示系统、能源审计报告、可行性研究报告、环境影响评价报告、环境管理体系评估报告、年度能源和水统计报表、年度工业统计报表以及年度财务审计报告）等方式确认数据质量控制计划中重点排放单位的基本信息、主营产品、生产设施信息、组织机构图、厂区平面分布图、工艺流程图等相关信息的真实性和完整性。

（3）核算边界和主要排放设施描述

核查技术工作组可采用查阅对比文件（如企业设备台账）等方式确认排放设施的真实性、完整性以及核算边界是否符合相关要求。

（4）数据的确定方式

核查技术工作组应对核算所需要的各项活动数据、排放因子和表单数据的计算方法、单位、数据获取方式，相关监测测量设备信息，数据缺失时的处理方式等内容进行核查，并确认：

1）是否对参与核算所需要的各项数据都确定了获取方式，各项数据的单位是否符合核算指南要求。

2）各项数据的计算方法和获取方式是否合理且符合核算指南的要求。

3）数据获取过程中涉及的测量设备的型号、位置是否属实。

4）监测活动涉及的监测方法、监测频次、监测设备的精度和校准频次等是否符合核算指南及相应的监测标准的要求。

5）数据缺失时的处理方式是否按照保守性原则确保不会低估排放量或过量发放配额。

（5）数据内部质量控制和质量保证相关规定

核查技术工作组应通过查阅支持材料和如下管理制度文件，对重点排放单位内部质量控制和质量保证相关规定进行核查，确认相关制度安排合理、可操作并符合核算指南要求。

1）数据内部质量控制和质量保证相关规定。

2）数据质量控制计划的制订、修订、内部审批以及数据质量控制计划执行等方面的管理规定。

3）人员的指定情况，内部评估以及审批规定。

4）数据文件的归档管理规定等。

（6）数据质量控制计划执行

核查技术工作组应结合上述（1）~（5）的核查，从以下方面核查数据质量控制计划的执行情况：

1）重点排放单位基本情况是否与数据质量控制计划中的报告主体描述一致。

2）年度报告的核算边界和主要排放设施是否与数据质量控制计划中的核算边界和主要排放设施一致。

3）所有活动数据、排放因子及相关数据是否按照数据质量控制计划实施监测。

4）监测设备是否得到了有效的维护和校准，维护和校准是否符合国家、地区计量法规或标准的要求，是否符合数据质量控制计划、核算指南或设备制造商的要求。

5）监测结果是否按照数据质量控制计划中规定的频次记录。

6）数据缺失时的处理方式是否与数据质量控制计划一致。

7）数据内部质量控制和质量保证程序是否有效实施。

对不符合核算指南要求的数据质量控制计划，应开具《不符合项清单》要求重点排放单位进行整改。对于未按数据质量控制计划获取的活动数据、排放因子、表单数据等，核查技术工作组应结合现场核查组的现场核查情况开具《不符合项清单》，要求重点排放单位按照保守性原则测算数据，确保不会低估排放量或过量发放配额。

7.4.2 现场核查要点

现场核查技术工作组开展核查工作，应重点关注如下内容：

1. 投诉举报企业温室气体排放量和相关信息存在的问题。

2. 各级生态环境主管部门转办交办的事项。

3. 日常数据监测发现企业温室气体排放量和相关信息存在异常的情况。

4. 重点排放单位基本情况与数据质量控制计划或其他信息源不一致的情况。

5. 核算边界与核算指南不符，或与数据质量控制计划不一致的情况。

6. 排放报告中采用的核算方法与核算指南不一致的情况。

7. 活动数据、排放因子、排放量、表单数据等不完整、不合理或不符合数据质量控制计划的情况。

8. 重点排放单位是否有效地实施了内部数据质量控制措施的情况。

9. 重点排放单位是否有效地执行了数据质量控制计划的情况。

10. 数据质量控制计划中报告主体基本情况、核算边界和主要排放设施、数据的确定方式、数据内部质量控制和质量保证相关规定等与实际情况的一致性。

11. 确认数据质量控制计划修订的原因，比如排放设施发生变化、使用新燃料或物料、采用新的测量仪器和测量方法等情况。

如果核查过程中涉及抽样，应在现场核查计划中明确抽样方案。现场核查的时间取决于重点排放单位排放设施、排放源的数量和排放数据的复杂程度和可获得程度。

现场核查技术工作组应按《现场核查清单》收集客观证据，详细填写《现场核查清单》的核查记录，并将证据文件一并提交技术工作组。相关证据材料应能证实所需要核实、确认的信息符合要求。

7.5 核查复核与信息公开

7.5.1 核查复核

重点排放单位对核查结果有异议的，可在被告知核查结论之日起 7 个工作日内，向省级主管部门申请复核。复核结论应在接到复核申请之日起 10 个工作日内作出。

7.5.2 信息公开

核查工作结束后，省级主管部门应将所有重点排放单位的《核查结论》在官方网站向社会公开，并报生态环境部汇总。如有核查复核的，应公开复核结论。核查工作结束后，省级主管部门应对技术服务机构提供的核查服务按《技术服务机构信息公开表》（附录七）的格式进行评价，在官方网站向社会公开《技术服务机构信息公开表》。评价过程应结合技术服务机构与省级主管部门的日常沟通、技术评审、复查以及核查复核等环节开展。

省级主管部门应加强信息公开管理，发现有违法违规行为的，应当依法予以公开。

第8章 碳排放交易专业知识与能力

8.1 碳排放交易专业知识

碳排放交易是为促进全球温室气体减排，减少全球二氧化碳排放所采用的市场机制。联合国政府间气候变化专门委员会通过艰难谈判，于 1992 年 5 月 9 日通过《联合国气候变化框架公约》。1997 年 12 月在日本京都通过《联合国气候变化框架公约》的第一个附加协议，即《京都议定书》。《京都议定书》把市场机制作为解决以二氧化碳为代表的温室气体减排问题的新路径，即把二氧化碳排放权作为一种商品，从而形成了二氧化碳排放权的交易，简称碳交易。

8.1.1 碳排放交易产生背景

排放权交易的理论和实践探索最初由美国环境保护监管局为控制污染物的排放而提出，并得到一些经济学家的支持。在温室效应以及全球变暖等现象被明确并得以重视之后，国际社会在一系列会议上达成了减少温室气体排放量的共识，而碳排放权交易作为一种较灵活的方法在其中获得了更广泛的应用。相较于严格限定排放量或基于碳排放额外征税等传统方法，碳排放权交易（简称碳交易）在有效控制排放总量的同时，从经济学的角度赋予市场参与者更灵活的空间，通过多种形式的规范的市场经济手段，效率更高成本更低地达成减排目标。总体而言，碳交易的产生得益于碳排放权交易的理论和实践经验以及国际社会对于温室气体减排的大力推进。

随着各国对温室效应和全球气候变化问题的重视度逐渐提升，国际社会不断加强推动建立有效的国际和本土机制来应对因人为因素导致的全球变暖现象以及其带来的不确定性结果，以解决温室气体排放问题。1992 年 6 月，150 余个国家在巴西里约热内卢签署《联合国气候变化框架公约》，这是世界上第一个为全面控制温室气体排放、应对全球气候变暖给人类经济社会带来不利影响的国际性公约。该公约于 1994 年 3 月 21 日正式生效，由此奠定了应对气候变化国际合作的法律基础，建立起具有权威性、普适性的国际框架。1997 年，《京都议定书》作为《联合国气候变化框架公约》的补充条款通过，并于 2005 年 2 月开始强制生效，截至目前共有 192 个缔约方（191 个国家和 1 个区域经济共同体）通过了该条约，同意各自以法律的形式对温室气体排放量进行限制。中国也于 1998 年 5 月签署并于 2002 年 8 月核准了该议定书。越来越多的国家参与到温室气体减排的行动中，而碳排放权交易作为一种市场化的减排机制亦被广泛应用于促进减少本国碳排放，以达到承诺的履约目标。

我国政府在1993年即批准了《联合国气候变化框架公约》，是最早签署该文件的国家之一。同时，作为《京都议定书》的坚定支持者和维护者，我国长期致力于提高节能减排能力、建立碳交易市场，并在立法和实践方面做了大量努力。我国出台了一系列的政策法规，包括2002年颁布的《中华人民共和国清洁生产促进法》和2011年颁布的《清洁发展机制项目运行管理办法》等。近年来，我国政府不断加强与世界各国更深层次的合作交流，积极拓展在国际事务中的重要作用和巨大影响力。2013年国家自主贡献（INDC）减排承诺的提交，2014年《中美气候变化联合声明》的发布，以及2015年《巴黎协议》的签署，都显示了中国作为一个负责任有担当的大国在应对全球气候变化进程中所贡献的努力和决心。我国承诺到2030年单位国内生产总值二氧化碳排放将比2005年下降60%～65%，森林蓄积量比2005年增加45亿立方米左右，并计划在已有的七个碳交易试点的实践基础上启动全国统一的碳排放交易体系，将坚定推进落实国内气候政策，加强国际协调与合作，全面推动可持续发展和向绿色、低碳、气候适应型经济转型。

8.1.2　碳排放交易基本原理

1. 碳排放权交易的概念及内容

碳排放权是指权利主体为了生存和发展的需要，由自然或者法律所赋予的向大气排放温室气体的权利，这种权利实质上是权利主体获取的一定数量的气候环境资源使用权。作为一种新的发展权的碳排放权有两层含义：

（1）碳排放权"是一项天然的权利，是每个人与生俱来的权利，是与社会地位和个人财富都无关的权利"；

（2）"碳排放权的分配，是意味着利用地球资源谋发展的权利"，对发展中国家而言更是如此。

碳排放权作为一种稀缺的有价经济资源在资本市场流通，它具有自由交易市场，拥有具体产品的定价机制，并以公允价值计量，其价值变动直接增减资产价格。如果企业签订的碳排放权合同条款中没有包括交付现金及其他金融资产给其他单位的合同义务，也没有包括在潜在不利条件下与其他单位交换金融资产或金融负债的合同义务，则确认为权益工具；若企业签订的碳排放权交易合同中规定，企业通过交付固定数量的自身权益工具换取固定数额的现金或其他金融资产进行结算，则确认为权益工具；否则企业应将签订的碳排放权合同确认为金融资产或金融负债。

关于碳排放权的主体，主要有以下三种类型：

（1）国家。《联合国气候变化框架公约》和《京都议定书》都是从国际公平的角度出发，以国家为单位来界定一国的碳排放权，在国家减排责任中区分了发达国家和发展中国家在不同阶段的"国家碳排放总量"（national total carbon emissions）的指标。以国家为主体的国家碳排放权，虽然注意到了国家层面的公平，但是忽略了人与人之间的不公平。

（2）群体。以群体为主体类型的群体碳排放权，主要是指各种企业或营业性机构在满足法律规定的条件下所获得的排放指标从而向大气排放温室气体的权利。群体碳排放权具有可转让性，这是国际温室气体排放权交易制度建立的基础。

（3）自然人。以自然人为主体类型的个体碳排放权，是指每个个体为了自己的生存和发展的需要，不论在何处，都有向大气排放温室气体的自然权利。后京都时代碳排放权的分配，应更多地着眼于个体碳排放权问题。

2. 碳排放权交易的基本原理

碳交易的基本原理非常直观，不同企业由于所处国家、行业或是在技术、管理方式上存在着的差异，他们实现减排的成本是不同的。碳交易的目的就是鼓励减排成本低的企业超额减排，将其所获得的剩余配额或减排信用通过交易的方式出售给减排成本高的企业，从而帮助减排成本高的企业实现设定的减排目标，并有效降低实现目标的履约成本。

下面以一个简单例子来描述碳交易实现的过程。

企业 A 和企业 B 原来每年排放 $210tCO_2$，而获得的配额为 $200tCO_2$。第一年年末，企业 A 加强节能管理，仅排放 $180tCO_2$，从而在碳交易市场上拥有了自由出售剩余配额的权利。反观企业 B，因为提高了产品产量，又因节能技术花费过高而未加以使用，最终排放了 $220tCO_2$。因而，企业 B 需要从市场上购买配额，而企业 A 的剩余配额可以满足企业 B 的需求，使这一交易得以实现。最终的效果是，两家企业的 CO_2 排放总和未超出 400t 的配额限制，完成了既定目标。

进一步地，以数据示例来说明碳交易与传统设定排放标准方式相比是如何减少履约成本的。首先考虑面临统一排放标准时的履约情况。为减少排放，达到标准要求，假设企业 A 每减排 $1tCO_2$ 需要花费成本 1000 元，而企业 B 对应需要花费 3000 元。这两家企业可以是同一母公司下的不同子公司、同一行业但不归属同一母公司的公司或是完全不同行业的公司。在传统的设定同一排放标准的管制方式下，要实现 $20tCO_2$ 的减排（两家企业各承担 10t 的减排任务），企业 A、B 的成本分别为 10 000 元和 30 000 元，社会减排总成本则为 40 000 元。

但很显然的是，如果强化企业 A 的减排标准而放宽企业 B 的减排标准，在实现相同减排目标的同时能够有效降低社会总体履约成本。例如，若允许企业 B 多排放 $10tCO_2$（即无需承担减排任务），那么可以节省 30 000 元；与此同时，企业 A 多减排 $10tCO_2$（即承担所有 $20tCO_2$ 的减排任务），对应的成本增加 10 000 元。最终，在到达既定减排效果的前提下，企业 A、B 的成本分别为 20 000 元和 0 元，社会减排总成本能够降低到 20 000 元。

继而，需要解决的问题就是通过什么手段使得企业 A 愿意多减排，而企业 B 愿意承担企业 A 额外减排的部分成本。答案就在于如何合理分配所节省的 20 000 元社会总成本。通过碳交易市场在企业间进行交易是一条较为有效的途径。现在再假设 $1tCO_2$ 排放配额的市场价格为 2000 元，企业 A 继续减排 10t，使其总排放量低于排放标准的规定，并把剩余配额出售给企业 B，获利 20 000 元，而这部分的减排成本仅为 10 000 元。对于企业 B，不需要花费减排 $10tCO_2$ 的 30 000 元成本，而只需要花费 20 000 元就可从企业 A 处购买到所需配额。这样，在两家企业之间恰好完全分配了社会总成本节省下来的 20 000 元。

碳交易市场的实际运作过程涉及一系列复杂的机制设计、规则制定、执行手段等系统性问题，但通过对其基本原理的简明剖析可以清楚地了解到，碳交易作为一种市场机制，将能够低成本、高效率地实现温室气体排放权的有效配置，达成总量控制和公共资源合理化利用的履约目标。

8.1.3 碳交易的市场体系和市场类型

温室气体排放权，其具有商品价值和交易的可能性，进而催生出了以二氧化碳排放权为主的碳排放权交易市场。碳交易市场建立在排放交易体系的基础之上，两者之间有着紧密联系。国际上主要碳交易市场见表 8-1。

国际上主要碳交易市场 表 8-1

国际碳交易市场	运行时间	法律基础		交易标的		覆盖范围	
		强制性	自愿性	配额	信用	全国性/跨国性	地区性
英国排放交易体系（UK ETS）	2002—2006 年		√	√		√	
澳大利亚新南威尔士温室气体减排体系（NSW GGAS）	2003—2012 年	√		√			√
欧盟排放交易体系（EU ETS）	2005 年至今	√		√		√	
新西兰碳排放交易体系（NZ ETS）	2008 年至今	√		√		√	
美国区域温室气体减排行动（RGGI）	2009 年至今	√		√			√
日本东京都总量控制与交易体系（TMG）	2010 年至今	√		√			√
美国加州总量控制与交易体系	2012 年至今	√		√			√
加拿大魁北克省排放交易体系	2013 年至今	√		√			√
中国的北京、天津、上海、重庆、湖北、广东、深圳等七个试点	2013 年至今	√		√			√
澳大利亚碳排放交易体系	2014 年至今	√		√		√	
韩国碳排放交易体系	2015 年至今	√		√		√	

1. 根据是否具有强制性分类

根据是否具有强制性，碳交易市场可分为强制性（或称履约型）碳交易市场和自愿性碳交易市场。

强制性碳交易市场，也就是通常提到的"强制加入、强制减排"，是目前国际上运用最为普遍且发展势头最为迅猛的碳交易市场。强制性碳交易市场能够为《京都议定书》中强制规定温室气体排放标准的国家或企业有效提供碳排放权交易平台，通过市场交易实现减排目标，其中较为典型或影响力较大的有欧盟排放交易体系（EU ETS）、美国区域温室气体减排行动（RGGI）、美国加州总量控制与交易体系、新西兰碳排放交易体系（NZ ETS）、日本东京都总量控制与交易体系（TMG）等。

自愿性碳交易市场，多出于企业履行社会责任、增强品牌建设、扩大社会效益等一些非履约目标，或是具有社会责任感的个人为抵消个人碳排放、实现碳中和生活，而主动采取碳排放权交易行为以实现减排。自愿性碳交易市场通常有两种形式：一种为"自愿加入、自愿减排"的纯自愿碳市场，如日本的经济团体联合会自愿行动计划（KVAP）和自愿排放交易体系（J-VETS）；另一种为"自愿加入、强制减排"的半强制性碳市场，企业可自愿选择加入，其后则必须承担具有一定法律约束力的减排义务，若无法完成将受到一定处罚。由于后者发生前提为"自愿加入"，且随着强制性碳交易市场的不断扩张，此类市场逐渐被强制性或是纯自愿性碳市场所取代，故未单独列出。

2. 根据交易标的分类

交易标的对应于碳产品的性质和产生方式，根据不同的交易标的，可将排放交易体系分为两种基本类型，即基于配额的交易（Allowance-based transactions）和基于项目的交易（Project-based transactions）。

基于配额的交易，遵循"总量控制与交易"（Cap-and-Trade）的机制，其交易标的是基于总体排放量限制而事前分配的排放权指标或许可，即"配额"。这一交易机制通常要求设定一个总的绝对排放量上限，对排放配额事先进行分配，减排后余出部分可在市场范围内出售，从而建构起配额交易市场。就目前全球碳交易市场的运行状况来看，配额交易市场占据绝对主导地位。一般地，总量控制与交易体系也允许抵消（Offsets）的部分使用，即参与市场交易的国家或企业，若未达到减排目标，可在一定限度内购买特定减排项目产生的经核证的减排量或减排单位等信用额度以抵消配额。

基于项目的交易，则采用"基准与信用"（Baseline-and-Credit）的机制，对应的交易标的是某些减排项目产生的温室气体减排"信用"（Credits），如 CDM 机制下的核证减排量（Certified Emission Reduction，CERs）、JI 机制下的排放减量单位（Emission Reduction Unit，ERUs）等。它是一种事后授信的交易方式，只有在进行了相关活动并核实证明了其信用资格后，减排才真正具有价值，同时根据实际减排量的信用额度（确认的额外减排量）给予相应的经济激励。这一交易机制为管制对象设定了排放率或减排技术标准等基准线，对减排后优于基准线的部分经核证后发放可交易的减排信用，并允许因高成本或其他困难而无法完成减排目标的管制对象通过这些信用来履约。

总量控制与交易机制由于对排放总量做出了较为严格的限制，能够更好地确保实现某些特定的减排承诺或目标，而基准与信用机制则不一定能达到相应要求。

3. 其他分类

另有一些不同的标准，可将碳交易市场分为不同类型。根据与国际履约义务的相关性，即是否受《京都议定书》辖定，可分为京都市场和非京都市场。其中，京都市场主要由 IET、CDM 和 JI 市场组成，非京都市场则不基于《京都议定书》相关规则，包括企业自愿行为的碳交易市场和一些零散市场等。

根据覆盖地域范围，可分为跨国性 / 全国性碳交易市场、区域性碳交易市场、地区性碳市场。跨国性 / 全国性碳交易市场的典型代表为 EU ETS，它覆盖了欧盟全部成员国以及非欧盟的挪威、冰岛和列支敦士登三国；RGGI 属于区域性碳市场；TMG、美国加州总量控制与交易体系、加拿大魁北克省排放交易体系等都属于地区性碳市场。

根据覆盖行业范围，可分为多行业和单行业碳交易市场，如 EU ETS 覆盖能源、钢铁、电力、水泥、陶瓷、玻璃、造纸、航空等多个行业，RGGI 只覆盖电力行业。

此外，在具体交易环节中，还可根据流通市场和产品的合约性质，分为一级市场、二级现货市场和二级衍生品市场。

8.1.4　碳交易相关法律法规

碳交易机制需要政府在节能减排领域明确重点排放单位等相关主体的权利和义务。严格的法律制度是保证碳排放权交易体系平稳有序运行的重要前提。

全国碳市场力求构建的政策法规体系：一个核心管理办法、三个配套管理办法及若干具体的技术细则（如图 8-1 所示）。

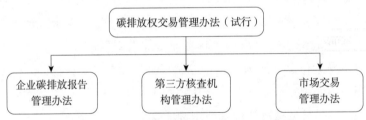

图 8-1　国家层面碳交易相关法律法规体系

"核心管理办法"为《碳排放权交易管理办法（试行）》（2021 年），规定碳排放权交易的各个环节，明确方的责任和权利，并规定相应的处罚条款。

企业碳排放报告管理办法、第三方和核查机构管理办法及市场交易管理办法为"三个配套管理办法"。企业碳排放报告管理办法明确企业碳排放核算和报告的责任，规定核算与报告的程序和要求；第三方核查机构管理办法对核查机构的资质要求、认定程序、核查程序及其监督管理做出具体要求；市场交易管理办法规定参与碳排放权交易的参与主体、交易品种、交易方式、风险防控及对交易机构的监督管理。

1. 碳排放权交易管理暂行办法

2014 年 12 月，为推动建立全国碳排放权交易市场，国家发展改革委出台《碳排放权交易管理暂行办法》（以下简称《暂行办法》），作为推动碳排放权交易市场建设各项工作的依据，以及下一步制定出台行政法规的基础。

《暂行办法》是在国务院正式出台《碳排放权交易管理办法（试行）》（2021 年）前，

作为全国碳市场建立的核心指导性规则发布的国家发展和改革委员会令。

《暂行办法》共包括总则、配额管理、排放交易、核查与配额清缴、监督管理、法律责任及附则 7 个章节，明确了全国碳市场建立的主要思路和管理体系。

2024 年 2 月，国务院发布《碳排放权交易管理暂行条例》，自 2024 年 5 月 1 日起施行。

2. 企业温室气体排放报告核查指南

2013 年 10 月，为落实《国民经济和社会发展第十二个五年规划纲要》提出的建立完善温室气体统计核算制度、逐步建立碳排放交易市场目标，推动完成《国务院关于印发"十二五"控制温室气排放工作方案的通知》（国发〔2011〕41 号）提出的加快构建国家、地方、企业三级温室气体排放核算工作体系，实行重点企业直接报送温室气体排放数据制度的工作任务，国家发展改革委颁布了首批 10 个行业企业温室气体排放核算方法与报告指南（试行），供开展碳排放权交易、建立企业温室气体排放报告制度、完善温室气体排放统计核算体系等相关工作参考使用。随后，2014 年、2015 年又相继颁布了第二批 4 个行业、第三批 10 个行业的核算方法与报告指南。

已经颁布的 24 个重点行业企业温室气体排放核算方法与报告指南（试行）基本覆盖了我国除居民生活外的所有重点行业，成为我国温室气体排放统计核算体系、全国碳排放权交的建设的重要依据。见表 8-2。

24 个重点行业发文　　　　表 8-2

发布日期	发布文号	文件名称
2013 年 10 月 15 日	发改办气候〔2013〕2526 号	中国电解铝生产企业温室气体排放核算方法与报告指南（试行）
		中国电网企业温室气体排放核算方法与报告指南（试行）
		中国发电企业温室气体排放核算方法与报告指南（试行）
		中国钢铁生产企业温室气体排放核算方法与报告指南（试行）
		中国化工生产企业温室气体排放核算方法与报告指南（试行）
		中国镁冶炼企业温室气体排放核算方法与报告指南（试行）
		中国民航企业温室气体排放核算方法与报告格式指南（试行）
		中国平板玻璃生产企业温室气体排放核算方法与报告指南（试行）
		中国水泥生产企业温室气体排放核算方法与报告指南（试行）
		中国陶瓷生产企业温室气体排放核算方法与报告指南（试行）
2014 年 12 月 3 日	发改办气候〔2014〕2920 号	中国石油化工企业温室气体排放核算方法与报告指南（试行）
		中国石油和天然气生产企业温室气体排放核算方法与报告指南（试行）
		中国煤炭生产企业温室气体排放核算方法与报告指南（试行）
		中国独立焦化企业温室气体排放核算方法与报告指南（试行）
2015 年 7 月 6 日	发改办气候〔2015〕1722 号	造纸和纸制品生产企业温室气体排放核算方法与报告指南（试行）
		食品、烟草及酒、饮料和精制茶企业温室气体排放核算方法与报告指南（试行）
		其他有色金属冶炼和压延加工业企业温室气体排放核算方法与报告指南（试行）

发布日期	发布文号	文件名称
2015年7月6日	发改办气候〔2015〕1722号	陆上交通运输企业温室气体排放核算方法与报告指南（试行）
		矿山企业温室气体排放核算方法与报告指南（试行）
		机械设备制造企业温室气体排放核算方法与报告指南（试行）
		公共建筑运营单位（企业）温室气体排放核算方法和报告指南（试行）
		工业其他行业企业温室气体排放核算方法与报告指南（试行）
		氟化工企业温室气体排放核算方法与报告指南（试行）
		电子设备制造企业温室气体排放核算方法与报告指南（试行）

虽然24个行业的温室气体排放核算方法与报告指南（试行）的具体计算方法不尽相同，但其基本结构及核算的基本思路基本一致。总体来说，核算方法与报告指南全文共包括7个主要内容：适用范围、引用文件、术语和定义、核算边界、核算方法、质量保证和文件存档以及报告内容。

3. 关于切实做好全国碳排放权交易市场启动重点工作的通知

2016年1月11日，国家发展改革委办公厅发布了《关于切实做好全国碳排放权交易市场启动重点工作的通知》（发改办气候〔2016〕57号），其中对全国碳市场启动前的各项重点准备工作进行了具体要求。具体内容共包括四个方面：

（1）提出全国碳排放权交易体系的覆盖行业及纳入企业的标准

通知提出了全国碳排放权交易体系的覆盖行业及纳入企业的标准。全国碳排放权交易体系第一阶段，将覆盖包括石化、化工、建材、钢铁、有色、造纸、电力、航空等8个重点排放行业，其主营产品属于18个子行业；另外，除八大行业之外，其他行业的自备电厂综合能耗超过1万吨标煤时也需要纳入排放权体系中。具体的纳入行业如表8-3所示。

全国碳排放交易体系第一阶段纳入行业　　　　　　　　　表8-3

行业	行业代码	行业子类（主营产品统计代码）
石化	2511 2614	原油加工（2501）
		乙烯（2602010201）
化工	2619 2621	电石（2601220101）
		合成氨（260401）
		甲醇（2602090101）
建材	3011	水泥熟料（310101）
	3041	平板玻璃（311101）
钢铁	3120	粗钢（3206）
有色	3216	电解铝（3316039900）
	3211	铜冶炼（3311）

行业	行业代码	行业子类（主营产品统计代码）
造纸	2211 2212 2221	纸浆制造（2201）
		机制纸和纸板（2202）
电力	4411	纯发电
		热电联产
	4420	电网
航空	5611	航空旅客运输
	5612	航空货物运输
	5631	机场

（2）对拟纳入企业的历史碳排放进行核算、报告与核查

通知要求地方主管部门应组织辖区内拟纳入企业分年度核算并报告温室气体排放量及相关数据。此次报告内容包含两个维度，一个是企业维度，一个是设施维度。其中，企业维度是指根据国家发展改革委分批公布的 24 个重点行业企业温室气体排放核算方法与报告指南（试行）的要求，分年度核算并报告温室气体排放量及相关数据。除此之外，为了满足全国碳市场配额分配的需要，通知还要求企业根据其附件《全国碳排放权交易企业碳排放补充数据核算报告模板》的要求，同时核算并报告 24 个行业核算指南中未涉及的其他相关基础数据。

（3）培育遴选第三方核查机构及人员

通知要求地方主管部门在第三方核查机构管理办法出台前，可结合工作需求，对具备能力的第三方核查机构及核查人员进行摸底，按照一定条件，培养并遴选一批在相关领域从业经验丰富、具有独立法人资格、具备充足的专业人员及完善的内部管理程序的核查机构，为本地区提供第三方核查服务。第三方核查机构及核查人员的资质要求可以参考通知附件《全国碳排放权交易第三方核查机构及人员参考条件》。

（4）强化能力建设

国家发展改革委将继续组织各地方、各相关行业协会和中央管理企业，结合工作实际，围绕全国碳排放权交易市场各个环节，深入开展能力建设，针对不同的对象，制定系统的培训计划，组织开展分层次的培训，重点培训讲师队伍和专业技术人才队伍，并发挥试点地区帮扶带作用，为全国碳排放权交易市场的运行提供人员保障。具体内容如表 8-4 所示。

培训面向对象及内容　　　　　　　　　　　　　　　　表 8-4

培训对象	培训内容
行政管理部门	着重加强碳排放权交易市场顶层设计、运行管理、注册登记系统应用与管理、市场监管等方面的培训
参与企业	着重开展碳排放权交易基础知识、碳排放核算与报告、注册登记系统使用、市场交易、碳资产管理等方面培训
第三方核查机构	重点开展数据报告与核查方面的培训
交易机构	主要进行市场风险防控、交易系统与注册登记系统对接等方面的培训

8.1.5 中国建立碳排放交易体系运行机制

2011 年我国在北京等 7 省市开展碳排放权交易试点。截至 2020 年 8 月份，试点省市碳市场共覆盖钢铁、电力、水泥等 20 多个行业，近 3000 家企业，累计成交量超过 4 亿吨，累计成交额超过 90 亿元，有效推动了试点省市应对气候变化和控制温室气体排放工作，"十二五"时期碳市场试点先行，"十三五"时期是为全国碳市场打基础，"十四五"时期对我国碳市场发展起到较大促进作用。

1. 区域碳交易试点

2013 年 6 月 18 日，深圳碳排放权交易试点率先启动，随后上海、北京、广东、天津、湖北及重庆六个试点也在 2013 年底至 2014 年上半年陆续启动。七个试点省市十分重视碳交易试点建设，稳步推进制度设计、能力建设、人员培训等各方面工作，并取得了初步成效，形成了较为全面完整的碳交易制度体系。

七个试点的市场要素建设、支撑基础体系建设、配套机制等方面的进展总结如下：

（1）市场要素建设

1）法律法规

碳交易的顺利实施离不开强有力的政策保障，因此试点地区都非常重视法律法规的制定。在缺乏国家层面的上位法的前提下，试点地区结合自身特色，分别出台了针对碳交易的地方性法规、政府规章和规范性文件，明确了碳交易目的和各方职责，确定了碳交易制度，使碳交易的实施具有约束力和可操作性。其中，北京和深圳由于决策层强大的政治动力和高层领导的重视，在较短时间内就出台了法律效力很高的人大决定。上海、广东及湖北试点地区主要以政府令等形式颁布了管理办法，天津试点由于时间等因素，只发布了政府文件。

2）总量目标

确定可量化的减排目标是碳排放交易制度实施的前提。考虑到发展中国家经济仍在快速增长，制定绝对量化的减排目标是不切实际的。因此，各试点地区结合国家规划设定的减排目标和自身经济发展情况、能耗情况、温室气体排放情况等，确定了适度增长的量化控制目标。由于各试点地区经济结构存在巨大差异，碳交易体系下的总量控制目标也迥异。

3）覆盖范围

在覆盖范围上，各试点地区均采取"抓大放小"原则，结合自身经济和能源消耗结构确定行业、企业及管控气体。所有地区高耗能行业都被纳入覆盖范围，北京、上海、深圳由于第三产业比重大，因此将商业、宾馆、金融等服务业和建筑业也纳入覆盖范围。目前，各试点省市覆盖了电力、热力、化工、钢铁、建材等高能耗行业以及商业、宾馆、金融等服务业和建筑业等，总计 20 余个行业 2000 多家企事业单位。在管控的温室气体类上，重庆纳入了 6 种温室气体，而其他地区在试点阶段仅纳入二氧化碳 1 种温室气体。

4）配额分配

七个试点地区主要采用历史法及基准线法进行配额分配，以免费分配为主。其中，既有企业多数采用历史法分配，即根据过去 3～5 年的排放量和初步预测分配配额。部分试点对于数据条件较好、产品种类较为单一的行业，如电力、水泥等采用了基准线法。对于新增产能，部分试点地区采用行业先进值方法分配，部分地区则根据实际排放量分配。另外，由于配额的生成存在较大的不确定性，很多地区都采取了配额调整机制，使配额总量和企业分配存在可调节的灵活性。

5）MRV 机制

MRV，全称监测、报告与核查，指对排放进行监测、报告，以及第三方机构对管控企业的排放量进行核查，为排放权交易体系提供了坚实的基石，是保证排放权交易体系得以实施，并取得预期环境效果的关键步骤。为此，各试点地区出台了分行业排放数据测量与报告的方法和指南及第三方核查规范，并建立了企业温室气体排放信息电子报送系统。

各地区普遍要求对企业报送的历史数据和履约年度数据进行严格的第三方核查，以保证数据的科学性、准确性，从而提高碳交易制度的可信度。为此，各试点地区制定了核查机构和核查员的准入标准。北京、深圳和上海还发布了《第三方核查机构管理暂行办法》。

6）履约机制

各试点地区均要求管控企业在一个交易年度中，提交上年度排放报告，报告经第三方核查机构核查后，根据核定排放量进行上一年度的配额上缴履约。

同时，对参与主体的监督和管理是保障碳市场有效运行的措施。对管控企业履约，各地均做出了详细的规定，包括排放监测计划提交、排放报告提交、排放报告核查、根据核定排放量进行上一年的配额上缴履约等。如果企业未能按要求履行报告、核查和上缴配额等责任义务，将依照地方法规和政府规章进行处罚，处罚幅度各不相同。同时，第三方核查机构如有作假等不当行为也会受到相应处罚。

（2）支撑基础体系

为了保证配额交易的平稳高效运行，试点地区建立了包括注册登记簿、排放报送系统、交易系统等电子化系统，为碳交易制度的实施打下了坚实的基础。同时，七个试点都分别建立了自己的交易平台，为碳交易提供标准化服务及清算等服务。

（3）配套机制

1）抵消机制

除配额交易外，试点地区均规定企业可以使用国家签发的核证自愿减排量（CCER）抵消其配额清缴。各试点充分考虑了 CCER 抵消机制对总量的冲击，通过设置抵消比例限制、本地化要求、CCER 产出时间和项目类型等方面的规定，控制 CCER 的供给。

在抵消比例方面，七个试点都对 CCER 的使用比例做出了限制，使用比例最高不得超过当年年度排放量的 10%，以避免试点市场出现其他国家碳交易机制市场中因充斥大量的碳抵消信用而导致碳价下跌的情况。

在项目类型方面，除上海试点外，其余六试点均将水电或大中型水电 CCER 项目排除在外，湖北仅保留了小水电项目，其原因主要是水电项目高昂的开发成本和对生态环境的干扰。

在地域限制方面，除重庆和上海外，其余试点均对 CCER 的来源地有一定的限制。但各试点地区均不再局限于用本地产生的 CCER 进行履约，多数试点地区优先使用协议合作地区 CCER 项目产生的抵消信用进行履约，这在一定程度上提高了非试点地区参与碳市场的积极性。

2）市场调节机制

为了保证市场运行稳定，部分试点地区还设置了市场调节机制，保证配额价格保持稳定。深圳试点设置的市场调节机制包括价格平抑储备机制和配额回购机制。广东为了应对碳市场价格波动及经济形势变化，预留了 5% 的配额用于调节市场价格。北京建立了交易价格预警机制，当排放配额的价格出现不正常波动时，北京市碳交易主管部门可以通过拍卖或者回购配额等方式稳定价格，维护市场秩序。

3）碳交易相关服务产品

除配额及 CCER 交易外，各试点的碳排放权交易体系的实施还带动了环境产业、咨询服务、碳金融服务、金融创新等领域的发展，吸引了资金参与减排，创造了就业机会，带动了经济增长，为应对气候变化的行动注入了活力。试点地区涌现了一批相关的专业机构和人员从事与碳交易相关的咨询服务，使中国低碳产业服务水平得到提升。

2. 基于项目的自愿减排交易机制

除区域碳交易试点外，我国还开展了基于项目的自愿减排交易机制。允许各试点地区的管控企业、机构投资者及其他投资者在国家指定的交易平台交易由国家发展改革委备案的自愿减排项目产生的减排量——国家核证自愿减排量（CCER）。

8.2　碳排放交易专业能力

碳排放管理员是指从事企事业单位二氧化碳等温室气体排放监测、统计核算、核查、交易和咨询等工作的专业技术人员。

8.2.1　碳交易程序与要点

1. 碳交易对象的认证与监督核证

碳交易是碳排放权的交易。碳交易的对象：碳排放权是一种特殊商品，它实质是一种碳信用。碳信用是需要认证的，它是在一定市场认可的机制下经过特殊的程序完成的。表 8-5 所列的就是碳交易市场目前的主要碳排放权单位载体及其监督核证机构。

全球碳排放权所属机制及监督核证机构　　　　　　　　　　　　表 8-5

排放权单位载体	所属机制	监督核证机构
Aus 分配数量单位	IET 国际排放贸易机制	《京都议定书》附件一国家的国家登记处（National Registry）
RMUs 清除单位	IET 国际排放贸易机制	《京都议定书》附件一国家的国家登记处（National Registry）
EUAs 欧盟指标	IET 国际排放贸易机制	欧盟国家分配计划 （National Allocation Plan, NAP）
ERUs 减排单位	JI 联合履约机制	《京都议定书》第六条规范的"监督委员会"Supervisory Committee
CERs 经核证减排量	CDM 清洁发展机制	清洁发展机制执行理事会 （Executive Board, EB）
VERs 自愿减排量	自愿减排机制	非《京都议定书》限定的独立第三方评估和核实
CFI 碳金融工具	自愿减排机制	非《京都议定书》限定的独立第三方评估和核实
VCS 自愿碳标准	自愿减排机制	非《京都议定书》限定的独立第三方评估和核实

2. CDM 管理机制

在所有碳排放权载体中，"经核证减排量" CERs 的核证过程最为严格和复杂，因为它是由《京都议定书》框架确定的"清洁发展机制" CDM 程序完成的。

"清洁发展机制" CDM 是中国、巴西、南非和印度等发展中国家（《京都议定书》中的非附件一国家）在《京都议定书》公约之下所享受和受益的一种温室气体减排灵活机制。简单说，公约附件一的发达国家，在批准了议定书的条件下，为了追求全球共同减排温室气体的目标，也为了寻求降低减排成本的灵活途径，可以从非附件一国家境内执行的温室气体减排项目活动中购入 CERs，来部分地满足发达国家全面减排的第一承诺期目标。

（1）专家小组和工作组

清洁发展机制 CDM 的执行理事会可以设立若干专家组或工作组（Paneles and Working Groups），以协助执行理事会的管理和监督机制的运行。执行理事会设立了方法学专家组（Methodology Panel, MP），小规模 CDM 项目活动工作组（Small-scale CDM Working Group, SSC WG），造林和再造林项目活动工作组（Afforestation and Reforestation Working Group, AR WG），CDM 项目注册和对签发 CERs 的请求进行评估的注册和签发组（Registration and Issuance Team, RIT）等。

（2）指定经营实体

指定经营实体（Designated Operational Entity, DOE）可以是某国国内的一家具有法律实体地位的公司或机构，或国际性组织，由执行理事会委派和指定并由 CMP（Conference

101

of Parties Serving as Meeting of Parties to the Kyoto Protocal，即《京都议定书》的缔约方会议，是《京都议定书》的最高实体）确认。指定经营实体有两个关键作用：

1）可以审定 CDM 项目活动的合格性并向执行理事会申请项目的正式注册；

2）可以核查所注册项目的实际减排量，确认是否适当，并向执行理事会单位签发相应的 CERs。

（3）指定国家权力机构

指定国家权力机构（Designated National Authority，DNA）是参加清洁发展机制的附件一或非附件一国家必须指定的一个权力部门，它可以是某国的环境部门、气象部门或者气候变化办公室，甚至其他权力机构，例如国家发展和改革委员会。此权力机构的职责是为本国企业参与清洁发展机制的项目出具国家性的书面批复。具体的批复程序和条件由各国自行决定，但项目所在地的东道国批复应该包括此项目活动有利于可持续发展的肯定意见。项目参与方所在国的国家权力机构正式批复文件，是清洁发展机制项目申报执行理事会和注册项目的必要文件。

（4）项目参与方

在清洁发展机制下的项目活动的参与是自愿性的，机制鼓励全球的企业、机构和个人积极和自愿地参与温室气体减排的项目活动，执行理事会并没有设定严格的条件，限制谁可以做"项目参与方"（Project participant），并最终拥有签发的 CERs。所以，清洁发展机制的"项目参与方"，可以是项目涉及方或项目涉及方所授权的另一个私营或国有机构。项目涉及方（A Party Involved），一般指的是，批准了《京都议定书》的非附件一国家境内的、涉及了清洁发展机制项目活动的某一方，或者当项目设计文件（Project Design Document）明确指明了某涉及方为参与方，或者对已经注册的项目，执行理事会秘书处被清楚地告知，那么这个"项目涉及方"就被视为"项目参与方"。

3. CDM 开发和审批流程

CDM 项目开发需要完成一系列的规范步骤并满足条件，方可完成项目的登记注册和获得以后的减排信用，步骤如下：

（1）项目活动的识别和计划

CDM 项目计划的第一步，是鉴别一个项目活动并检查其是否符合 CDM 的条件，同时，了解国家权力机构（DNA）的政策信息和了解本国政府批准该项目的要求和流程也是非常重要的，因为 CDM 项目必须为非附件一国家的经济、社会可持续发展做出贡献，所以项目东道国 DNA 的审批就十分重要，如中国政府明确列出了可持续发展的标准和 CDM 项目对清洁可再生能源项目，能源效率的优先考虑内容，项目开发者在此步骤中还应该确定项目的大小规模，因为小规模项目可适用各种简化条件和程序。

（2）谈判和签署减排购买协定

减排购买协议（Emission Reduction Purchase Aggreement，ERPA）是在《京都议定书》的清洁发展机制和联合履约机制下，进行项目开发合作、交付 CERs、转移碳信用的最核心合同文件。这个合同的标准文本由国际排放贸易协会（IETA）制订和推荐，也有其他机构自行制定的文本。除了减排购买协议，项目参与方还可能就项目开发和执行所需的技术引进、设备采购、专业技术的服务和咨询，甚至项目启动的资金筹措等进行复杂的谈判。

（3）项目设计文件的准备

CDM 项目在执行理事会注册时，项目开发者需要准备一份项目设计文件（Project Design Document，PDD）。设计文件有关 CDM 项目的核心技术和管理组织等特征和信息，将在项目的审定、注册和核查中起到关键作用。

（4）指定国家权力机构的批准

在 CDM 项目审定和注册以前，项目参与者必须得到所在国 DNA 的书面批准。通常，这些国家是指附件一和非附件一国家。但是，一个 CDM 项目可以在没有附件一发达国家批准的情况下，继续进行 CDM 项目的注册，这种项目类型被称为单边 CDM 项目。有附件一和非附件一国家共同参与的，称双边 CDM 项目。但这不意味着单边项目就完全被赦免提交一份附件一国家 DNA 的批准文件。当一个单边项目的开发者后来找到了附件一国家的 CERs 购买者，并请求 CDM 执行理事会把该项目签发的 CERs 划拨给买方，CDM 执行理事会仍然会要求得到附件一国家的 DNA 批准文件。

（5）项目的审定

获得了各国 DNA 的批准后，项目参与方应该从指定经营实体 DOEs 名单中挑选一家并签订服务合同。指定经营实体是 CDM 执行理事会委派和指定的第三方机构，具有审定、核查、核证 CDM 项目的资格和权力。指定经营实体在签署服务合同时，一般要仔细审阅项目设计文件和其他资料，以确认项目是否满足了 CDM 的有关要求，并建立和公布一个网址，使得项目设计文件 PDD 可连接到 UNFCCC 的 CDM 网站，或者直接在 UNFCCC 的 CDM 网站上公布项目设计文件。PDD 网上公布的 30 天内，对收到的各利益相关方、有授权的非政府机构等的各种评价，应及时地予以承认和公示所有评价的内容、解释、说明及评论者的联系方式等。如果审定阶段中，项目参与方希望改变所用的已批准方法学，或改变所适用方法学的版本，指定经营实体必须把有关内容公布于网站上 30 天。

（6）项目活动的注册及注册费

项目的注册（Registration）是指定经营机构在完成审定 CDM 项目的合格性之后，使用 CDM 项目活动注册和审定报表、项目设计文件、东道国书面批复和有关评价问题的解释等资料，准备好审定报告。然后使用 UNFCCC 秘书处提供的基于互联网的电子文件提交工具，向秘书处传递项目注册的申请。提交了所有文件信息后，指定经营实体会自动收到一个唯一的编号，可用来确认注册费的转账情况和查询注册审批的进展。秘书处将确定 DOE 提交的有关项目注册的所有文件和信息是否齐全。在注册费先行缴纳和秘书处发出关于申请注册文件齐全的确认之后，项目注册的申请就算是正式开始并在 UNFCCC 的 CDM 网站上公示至少 8 个星期。

在注册环节中，项目参与方需缴纳注册费。注册费是作为 CDM 行政管理费用收益分配（SOP-Admin，Share of Proceeds for Administration）的一部分应缴款来收取的，具体金额则按照项目活动计入期内预计每年的减排量来计算。每年 15 000 吨二氧化碳当量内的 CERs 需交纳 0.10 美元/CER；超出 15 000 吨以上的部分按 0.20 美元/CER 收取。无论多大的项目，注册费的总额均不超过 350 000 美元。每年预计减排量低于 15 000 吨二氧化碳当量的项目活动不需要交纳注册费。

（7）项目活动的监测

项目活动的监测（Monitoring）是项目参与方按照项目设计文件所详细描述的监测计划，在项目活动的执行过程中，对有关温室气体减排的所有资料、参数等进行有目的、定期、可复查的记录、收集和归档。按 UNFCCC 的定义，监测是为确定基准线、测量某 CDM 项目边界内的温室气体人类性排放及泄漏所必要的并可适用的相关数据，对全部的有关资料进行收集和存档。因此，注册项目之前监测计划需要得到 CDM 执行理事会的批准。如同基准线方法学，监测方法也存在正常的已批准监测方法学和适用于小规模项目活动的简化监测方法学。CDM 的模式和程序允许项目参与方对监测计划进行不时地修改，但有关修改需要由 DOE 审定，并且有关监测计划的修改应在签发 CERs 之前由项目参与方完成及 DOE 审定。

（8）核查与核证

核查（Verification）是由指定经营实体按正式的程序对所监测的温室气体减排进行定期和独立的检查和事后的确认。核证（Certification）则是指定经营实体出具书面文件，保证特定项目活动实现了所核查的温室气体减排量。核查的要点包括：检查监测报告是否满足了已注册批准的项目设计文件中的条件要求；检查监测方法学是否得到了准确的运用；如需要的话，执行现场检查或要求项目开发者提供更多的信息资料；给项目开发者推荐计入期内任何可能的监测修改及调整；最后决定 CDM 项目活动所产生的温室气体实际减排量。

项目参与方需从 DOE 名单中选择一家机构来进行项目的核查和核证，并给相关 DOE 提交监测报告。UNFCCC 的官方文件中没有要求监测结果的更新频率，但当前大多数项目开发者和参与方的通常做法是，每一年或者每半年完成一次监测报告，交由 DOE 进行核查。然后，DOE 把监测报告制作成 PDF 格式并直接公布在 UNFCCC 的 CDM 网站上，标明监测时段的起始日期。接着，DOE 正式执行核查并出具核查报告。在核查报告的基础上，出具书面的温室气体减排的核证文件。最后，DOE 会完成一份核查报告和一份核证报告并对外公开。核证报告中需声明所核查的温室气体实际减排量。

（9）签发和分配 CERs

一旦完成核查与核证程序，项目参与方就可以开始推动 CERs 的签发。首先，DOE 应使用递交核查与核证报告及提请签发的 CDM 表格（CDM Form to Submit Verification and Certification Reports and to Request Issuance F-CDM-RFQCERS），连同完成的核查、核证报告，通过 UNFCCC 的 CDM 网站上的特定电子提交工具，发送给执行理事会秘书处。

秘书处正式受理后 15 天内，除非项目活动涉及方或至少 3 个执行理事会委员提出审查（一般限于有无欺诈、DOE 的渎职或能力欠缺等审查），执行理事会将指示 CDM 注册官签发特定时段具体数量的 CERs，同时会告知项目参与方，并对外公布于 UNFCCC 的 CDM 网站上。

如果执行理事会拒绝签发 CERs 的理由可通过修改核查核证报告等手段来解决，那么 DOE 还可以修改监测报告，并提请对同一时间内的 CERs 作第二次签发，执行理事会则会在下次会议中个案决定。如再次被拒，则没有可能第三次提请签发 CERs。

按照 CDM 项目模式和程序的规定，每次签发 CERs 时作为 CDM 管理费用的收益分配（SOP-Admin）应当完成，CERs 的签发才算生效。当然，项目注册时已经缴纳的预付注册费应当从中扣除。另外，所有 CERs 的 2% 部分将自动扣除划拨到一个特殊账户，即所谓的适应收益分配（SOP-Adaptation）账户，为支持那些特别容易受到气候变化危害的发展中国家提供资金。在最不发达国家境内开发和执行的 CDM 项目活动，可以免除缴纳此项费用。

8.2.2　碳排放配额的分配与交易

1. 碳排放配额的分配

（1）碳排放配额总量确定及分配

地区碳排放权交易市场的年度配额总量主要由省级生态环境主管部门结合当地年度控制温室气体排放目标、产业发展政策、行业规划及行业减排潜力等因素加以确定。地区碳排放配额的分配由省级生态环境主管部门负责，分配时主要采用基准线法或历史法，其中基准线法是根据部分行业领域的碳排放基准值、企业年度产量（如供电量、供热量等）及综合修正系数等确定的各控排企业可分配的碳排放配额，通常适用于数据条件较好、产品种类较为单一的行业企业，如电力、热力、钢铁、供水、供气、交通行业企业；历史法是根据企业在近 3~5 年的历史碳排放量、年度产品产量 / 年度业务量等确定企业年度基础配额。另外，由于配额的生成存在较大的不确定性，很多地区都采取了配额调整机制，使配额总量和企业分配存在可调节的灵活性。

全国碳排放权交易市场的碳排放配额总量确定及分配遵循自下而上、自上而下相结合原则，由省级生态环境主管部门根据本行政区域内控排企业的实际产出量、配额分配方法、碳排放基准值核定各控排企业的配额数量并上报至生态环境部，再由生态环境部根据国家温室气体排放控制要求，综合考虑经济增长、产业结构调整、能源结构优化、大气污染物排放协同控制等因素制定碳排放配额总量确定与分配方案。在前述碳排放配额总量及分配方案确定后，省级生态环境主管部门再据此向本行政区域内的控排企业分配规定年度的碳排放配额。

（2）免费分配和有偿分配

碳排放配额分配包括免费分配和有偿分配两种方式，目前除北京、福建完全采用免费分配方式外，其他设有地区碳排放配额的碳排放权交易市场所在地区则采用免费分配为主、有偿分配为辅的分配方式。例如广东省 2021 年度配额实行部分免费和部分有偿发放，其中，钢铁、石化、水泥、造纸控排企业免费配额比例为 96%，航空控排企业免费配额比例为 100%，控排企业可视需要购买有偿配额。地区碳排放配额的有偿发放均采用不定期竞价形式，竞买底价通常设置为竞价公告日前当地碳排放权交易市场中碳排放配额成交均价上浮或下浮 20% 以内的价格。纳入全国碳排放权交易市场管理的控排企业的碳排放配额目前由企业所在地区省级生态环境主管部门进行免费分配，后续可能会适时引入有偿分配。

（3）碳排放配额交易方式

地区碳排放配额的交易方式包括挂牌交易、协议转让、定价点选、定价转让等方式，全国碳排放配额交易方式包括协议转让、单向竞价等方式。

协议转让系指交易双方在交易前已达成交易意向及协议，而后通过交易系统进行报价、询价并确认成交的交易方式；协议转让根据单笔交易申报的二氧化碳当量又区分为挂牌协议交易及大宗协议交易。单向竞价是指交易主体向交易机构提出卖出或买入申请，交易机构发布竞价公告，多个意向受让方或者出让方按照规定报价，在约定时间内通过交易系统成交的交易方式。单向竞价模式项下买卖双方交易前互不知悉交易对方的身份信息。

全国碳排放权交易市场中碳排放配额的交易方式主要见表 8-6。

全国碳排放权交易市场中碳排放配额的交易方式 表 8-6

碳排放权交易市场区域	交易标的	交易方式
北京	BEA	公开交易、协议转让
天津	TJEA	协议交易、拍卖交易
上海	SHEA	挂牌交易、协议转让
	SHEAF	询价交易
深圳	SZEA	电子竞价、定价点选、大宗交易
广州	GDEA	挂牌点选、协议转让
重庆	CQEA-1	协议交易
湖北	HBEA	协商议价转让、定价转让
福建	FJEA	挂牌点选、协议转让、单价竞价、定价转让、FJFA 远期交易
全国	CEA	协议转让、单向竞价

（4）核证自愿减排量的取得及交易

根据核证备案主管部门的层级，核证自愿减排量可分为地区核证自愿减排量（北京林业碳汇抵消机制 FCER、北京绿色出行减排量 PCER、广东碳普惠核证减排量 PHCER、福建林业碳汇项目 FFCER、成都"碳惠天府"机制碳减排量 CDCER、重庆"碳惠通"项目自愿减排量 CQCER）与国家核证自愿减排量（CCER），同一项目不得重复申报地区核证自愿减排量与国家核证自愿减排量。

1）核证自愿减排量的取得

①地区核证自愿减排量

地区核证自愿减排量的取得及项目类型由各地区主管部门根据当地实际情况制定的规定及规范性文件予以明确，其自愿减排项目的备案主管部门及自愿减排量的核证备案主管部门多为省级、市级生态环境部门。

以重庆 CQCER 为例，CQCER 的取得分为两步：第一步是申请 CQCER 项目的审定及备案，由项目业主采用经市生态环境局备案的方法学，并由联合国清洁发展机制执行理事会指定经营实体和经国家应对气候变化主管部门批准的审定与核证机构审定或核证，在项目审定后，由业主向市生态环境局申请项目备案；第二步是 CQCER 项目的核证及减排量备案，在备案项目产生减排量后，由核证机构核证减排量，经核证后将减排量申报市生态环境局备案，备案完成后业主即取得可用于碳排放配额抵消的 CQCER。

CQCER 项目类型包括非水可再生能源、绿色建筑、交通领域的二氧化碳减排，森林碳汇、农林领域的甲烷减少及利用，垃圾填埋处理及污水处理等方式的甲烷利用等项目，以及根据"十四五"重庆市应对气候变化工作实际，市生态环境局允许抵消的其他温室气体减排项目。

②国家核证自愿减排量

根据相关规定及实践操作经验，CCER 的获取可大致分为两个步骤，第一步是申请温室气体自愿减排项目的审定及备案：由业主或者咨询方按照方法学要求编制项目设计文件，并将项目设计文件提交给经国家主管部门备案的第三方审定机构，审定后发至国家发改委申请公示。在公示期届满后，第三方审定机构进行现场审定并编制项目审定报告。在项目审定报告编制完成后，由业主向国家发改委申报项目备案。第二步是温室气体自愿减排项目的核证及减排量备案：由业主或者咨询方编制减排量监测报告，第三方进行核证，经核证后将减排量申报国家发改委备案，上会通过后则完成减排量备案，备案完成后项目业主即取得可用于碳排放配额抵消的核证自愿减排量。

2）核证自愿减排量的交易

①交易主体

地区核证自愿减排量及国家核证自愿减排量的交易主体见表 8-7，需说明的是，可使用交易获取的核证自愿减排量用以抵消碳排放配额清缴的主体仅限于纳入地区及国家碳排放权交易市场的相应控排企业。

PCER、FCER：政府机关、企事业单位、社会团体；

PHCER：自然人、法人或非法人组织；

CQCER：国内外机构、政府机关、企事业单位、社会团体和个人；

CDCER：政府机关、企事业单位、社会团体及个人；

FFCER：政府机关、企事业单位、社会团体及个人；

CCER：地区及国家碳排放权交易市场控排企业、减排项目业主及其他机构。

可参与交易的 CCER 的交易主体　　　　　　　　　　表 8-7

交易标的	交易主体
PCER、FCER	政府机关、企事业单位、社会团体
PHCER	自然人、法人或非法人组织
CQCER	国内外机构、政府机关、企事业单位、社会团队和个人
CDCER	政府机关、企事业单位、社会团队和个人
FFCER	政府机关、企事业单位、社会团队和个人
CCER	地区及国家碳排放权交易市场控排企业、减排项目业主及其他机构

②登记注册及交易场所

地区核证自愿减排量的持有、变更、注销的注册登记均在相应地区的注册登记簿/注册登记平台进行，地区核证自愿减排量的交易仅能在相应的地区碳排放权交易市场进行。CCER 的持有、变更、注销的注册登记系统为国家自愿减排交易注册登记系统，CCER 的交易系在各地区碳排放权交易市场进行，因此其交易场所为各地区碳排放权交易所。需特别说明的是，目前，全国碳排放权交易市场并未开放 CCER 的直接交易，但允许控排企业使用其在地区碳排放权交易市场购买取得的 CCER 抵消 CEA 的清缴，具体操作流程将在后文中介绍。

③交易方式

地区及国家核证自愿减排量的交易均适用各地区碳排放权交易所的交易规则，具体交易方式见表 8-8。

碳交易所 CER 交易方式　　　　　　　　　　表 8-8

碳排放权交易区	交易标的	交易方式
北京	CCER、PCER、FCER	公开交易、协议转让
天津	CCER	协议交易、拍卖交易
上海	CCER	挂牌交易、协议转让
深圳	CCER	电子竞价、定价点选、大宗交易
广州	CCER	挂牌点选、协议转让
广州	PHCER	挂牌点选、协议转让、竞价转让
重庆	CCER、CQCER	协议交易
湖北	CCER	协商议价转让、定价转让
四川	CCER、CDCER	定价点选、电子竞价、大宗交易、柜台交易
福建	CCER、FFCER	挂牌点选、协议转让、单价竞价、定价转让

3）使用核证自愿减排量抵消碳排放配额清缴交易流程

①地区核证自愿减排量

地区核证自愿减排量的交易及抵消清缴流程由各地区自行规定交易规则，以重庆CQCER 为例，纳入重庆市碳排放权交易市场的控排企业使用 CQCER 进行履约时，需向市生态环境局提出履约抵消申请，由市生态环境局对符合履约相关规定的履约抵消申请予以确认，将履约信息交由"碳惠通"平台运营主体对相应 CQCER 予以注销。

② CCER 交易流程

以全国碳排放权交易市场的碳排放配额抵消清缴为例，控排企业购买 CCER 抵消 CEA清缴的相关流程如下：

控排企业需在国家温室气体自愿减排交易注册登记系统和交易机构的交易系统分别开立一般持有账户、交易账户。

控排企业通过交易机构的交易系统购买符合配额清缴抵消条件的 CCER，并将 CCER从交易系统划转至其注册登记系统一般持有账户。

控排企业需填写使用 CCER 抵消配额清缴申请表（以下简称《申请表》）并向所属省级生态环境主管部门提交《申请表》确认。

控排企业按照经确认的《申请表》，在注册登记系统上注销其账户上符合条件的CCER，并及时向所属省级生态环境主管部门提交在注册登记系统完成注销操作的截图。

国家气候战略中心通过注册登记系统查询控排企业完成的 CCER 注销操作记录，并发送给相应省级生态环境主管部门及全国碳排放权注册登记机构（即"湖北碳排放权交易中心"）。

全国碳排放权注册登记机构根据控排企业 CCER 注销操作记录，向控排企业账户生成用于抵消登记的 CCER。

控排企业在系统中提交履约申请时选择已生成的 CCER 进行履约，待履约申请得到省级生态环境主管部门确认后，由全国碳排放权注册登记机构办理 CCER 抵消 CEA 清缴登记。

8.2.3 碳排放管理员交易职业技能

1. 四级 / 中级工的碳交易专业能力

（1）碳排放权交易前期准备

1）能收集、整理碳排放权交易基础信息。

2）能收集、整理国家、地方碳排放权交易制度文件。

3）能收集和整理碳排放权交易所需账户材料。

4）能安装碳排放权交易客户端系统或软件。

5）能使用碳排放权交易客户端系统或软件基本功能。

（2）碳排放权登记

1）能申请开立碳排放权登记账户。

2）能查询碳排放权登记信息。

3）能整理、保存碳排放权登记活动相关信息。

4）能管理碳排放权登记账户基本功能。

5）能对接碳排放权登记活动监管工作。

（3）碳排放权交易

1）能申请开立碳排放权交易账户。

2）能查询碳排放权交易信息。

3）能执行碳排放权交易方案。

4）能收集和整理碳排放权交易市场核心要素信息。

5）能对碳排放权交易账务进行常规处理。

6）能识别碳排放权交易不同类型风险，并收集和整理风险防范要求。

7）能收集和保存碳排放权交易活动相关信息。

8）能对接碳排放权交易活动监管工作。

（4）碳排放权结算

1）能执行碳排放权资金结算账户绑定操作。

2）能查询碳排放权结算信息。

3）能执行碳排放权结算活动基本流程。

4）能定期核对碳排放权结算结果。

5）能收集和整理碳排放权结算活动监管信息。

6）能对接碳排放权结算活动监管工作。

2. 三级/高级工的碳交易专业能力

（1）碳排放权交易前期准备

1）能运用基本经济理论分析碳排放权交易信息。

2）能分析国家、地方碳排放权交易制度文件，并制定执行计划。

3）能收集和整理碳排放权交易操作方案。

4）能使用碳排放权交易客户端系统或软件全部功能。

5）能对碳排放权交易进行合规性总体分析。

（2）碳排放权登记

1）能审核碳排放权登记账户有关信息。

2）能申请办理不同类型的碳排放权登记业务。

3）能分析碳排放权登记活动相关信息。

4）能制定碳排放权登记主体的登记账户管理制度。

5）能阐释碳排放权登记主体的活动合规性。

（3）碳排放权交易

1）能审核碳排放权交易账户开户材料。

2）能制定碳排放权交易主体的交易账户管理制度。

3）能制定碳排放权交易方案。

4）能分析碳排放权交易市场核心要素信息。

5）能执行碳金融产品创新方案。

6）能制定碳排放权交易风险防范措施。

7）能制定碳排放权交易信息管理制度。

8）能阐释和解决碳排放权交易活动的合规性。

（4）碳排放权结算

1）能审核碳排放权资金结算账户绑定操作。

2）能分析碳排放权结算信息。

3）能审核碳排放权结算活动。

4）能审定碳排放权结算结果。

5）能分析碳排放权结算活动监管信息。

6）能阐释碳排放权结算活动合规性。

7）能制定碳排放权资金结算风险防范措施。

3. 二级／技师的碳交易专业能力

（1）碳排放权交易前期准备

1）能分析碳排放权交易市场情况。

2）能审定碳排放权交易主体的执行计划。

3）能审定碳排放权交易操作方案。

4）能制定碳排放权交易主体合规性管理体系。

（2）碳排放权交易

1）能审定碳排放权交易方案。

2）能审核碳排放权交易市场核心要素信息。

3）能制定碳金融产品创新方案。

4）能审定碳排放权交易风险防范措施。

5）能审定碳排放权交易信息管理制度。

6）能开展碳排放权交易后合规分析。

（3）碳排放权交易市场分析

1）能对碳排放权交易市场进行政策分析。

2）能对碳排放权交易市场内外部环境进行分析。

3）能制定碳排放权交易策略、近期计划、中长期计划。

4）能使用碳排放权交易市场配额总量设定方法。

5）能分析碳排放量、配额清缴量。

6）能使用碳排放权交易市场技术分析方法。

（4）技术管理

1）能开发交易标准和技术规范。

2）能编制交易工作手册。

3）能提出交易工具需求。

4）能编制交易工具使用说明。

（5）培训与指导

1）能制订培训计划。

2）能编写培训资料，制作培训课件。

3）能培训三级及以下级别的碳排放交易员。

4）能制订业务指导方案。

5）能指导三级及以下级别的碳排放交易员业务。

4. 一级／高级技师的碳交易专业能力

（1）碳排放权交易市场分析

1）能审核碳排放权交易市场政策分析结论。

2）能审核碳排放权交易市场内外部环境分析结论。

3）能审定碳排放权交易策略、近期计划、中长期计划。

4）能审核碳排放量、配额清缴量分析结论。

5）能提出碳排放权交易市场技术分析方法。

（2）技术管理

1）能审定交易标准和技术规范。

2）能审定交易工作手册。

3）能分析和优化交易工具需求。

4）能审定交易工具使用说明。

（3）培训与指导

1）能审定培训计划。

2）能审定培训资料，制作培训课件。

3）能培训二级及以下级别的碳排放交易员。

4）能审定业务指导方案。

5）能指导二级及以下级别的碳排放交易员业务。

第9章 碳排放监测专业知识与能力

9.1 碳排放监测知识

2022年6月，《住房和城乡建设部 国家发展改革委关于印发城乡建设领域碳达峰实施方案的通知》（建标〔2022〕53号）要求："推进公共建筑能耗监测和统计分析，逐步实施能耗限额管理""完善省市公共建筑节能监管平台，推动能源消耗数据共享，加强建筑领域计量器具配备和管理"。

在建筑能耗统计方面，《建筑节能与可再生能源利用通用规范》（GB 55015—2021）要求建筑能源应按分类、分区、分项计量数据进行管理，可再生能源系统应进行单独统计，建筑能耗应以一个完整的日历年统计，能耗数据应纳入能耗监管系统平台管理。

9.1.1 监测计划

1. 温室气体自愿减排项目专业领域划分

在我国，温室气体自愿减排项目应当来自可再生能源、林业碳汇、甲烷减排、节能增效等有利于减碳增汇的领域，能够避免、减少温室气体排放，或者实现温室气体的清除。

2015年11月，国家标准化管理委员会针对发电、电网、冶炼、钢铁、民航、水泥、陶瓷、化工等10个行业发布温室气体排放核算方法与报告要求，有效解决了国内在温室气体排放标准缺失、核算方法不统一等难题，填补了我国温室气体管理标准领域的空白。

2. 监测活动的目的

我国各项目实施碳排放监测的目的是积极应对气候变化国家战略，推动实现我国碳达峰、碳中和目标，控制和减少人为活动产生的温室气体排放，鼓励温室气体自愿减排行为，规范全国温室气体自愿减排交易及相关活动。

3. 监测系统相关信息

卫星、无人机、走航、地基遥感监测是获取大气中温室气体浓度及其排放来源的重要技术手段。卫星监测是以遥感卫星为平台，在几百公里甚至更远距离的外太空，实现对地球大气的大范围观测。二氧化碳、甲烷等温室气体拥有独特的光谱特性，就像我们每个人都有独一无二的指纹，利用气体的指纹光谱，就能从卫星的观测数据里获取温室气体浓度分布。因此，可以用卫星来捕捉温室气体的含量及变化。

无人机监测是利用无人机飞行平台搭载高精度温室气体监测设备，可实时、动态获取局部或广阔区域的温室气体三维浓度分布情况。结合气象要素监测及碳排放反演模型，可进一步开展区域碳排放量评估。

走航监测是利用温室气体走航监测车搭载高精度、高灵敏度温室气体探测设备，可实现城市、工业园区、重点企业的温室气体（CO_2、CH_4、N_2O 等）在线监测评估，精准定位排放源，快速高效服务温室气体控排监管。

地基遥感监测是通过在监测区域边界处布设地基高分辨光谱仪监测站点，结合实地的地形、地貌及风速、风向等信息，可监测重点企业及排放区域的温室气体柱浓度并估算其碳排放量。利用地基遥感高精度温室气体柱浓度监测结果可对卫星遥感监测产品进行精度验证。

9.1.2　监测数据质量控制方案

1. 数据质量控制方案的内容和要素

重点排放单位应根据行业温室气体排放核算与报告指南等技术规范和管理要求，编制企业碳排放数据质量控制方案，并与实际排放、计量监测等情况相适应。

控制方案内容和要素包括：数据质量控制计划的版本及修订情况；数据监测主体基本概况，包括基本信息、组织机构、主要经营活动、平面布置、工艺流程等内容；数据监测责任部门和管理职责；数据监测的边界，主要排放设施或环节；活动数据和排放因子的确定方式；监测设备信息，包括设备名称、型号、位置、测量频次、精度和校准频次等；监测数据的记录形式及频次；监测数据缺失时的处理方式；数据质量控制和质量保证的相关要求。

2. 监测仪器仪表的使用特点和要求

用于监测碳排放的仪器仪表应能达到所需的测量准确度和（或）测量不确定度，并在有效检定期内，以提供有效结果。技术工作组在监测前应确认监测仪器仪表等设备得到正常维护和准确核准，维护和核准要符合数据质量控制计划的要求。

9.1.3　监测计划执行手册

1. 监测计划修订要求

重点排放单位应对数据质量监测计划进行修订，修订内容应符合实际情况并更好地满足核算要求。

修订情况主要包括：排放设施发生变化或使用数据质量控制计划中未包括的新燃料或物料而产生的排放；变更测量仪器和方法；之前采用的测量方法所产生的数据不正确；变更数据质量控制计划可提高数据准确度；发现数据质量控制计划不符合生态环境部发布的核算指南及其他相关要求；生态环境部门明确的其他需要修订的情况。

2. 监测计划及执行要求

项目按照数据质量监测计划实施碳排放的测量活动时，应执行的主要要求包括：数据监测主体基本情况与数据质量控制计划描述一致；核算边界和主要排放设施与数据质量控制计划中的核算边界和主要排放设施一致；所有活动数据、排放因子以及相关数据能够按照数据质量控制计划实施监测；测量设备得到有效的维护和校准，维护和校准符合国家、地区计量法规或标准的要求，符合数据质量控制计划、核算指南或设备制造商的要求；测量结果按照数据质量控制计划中规定的频次记录；数据缺失时的处理方式与数据质量控制计划一致；数据内部质量控制和质量保证程序有效实施。

9.1.4 监测报告

1.监测报告的格式及完整性要求

监测报告内容应载明取得样品的时间、样品对应的月份、样品测试标准、取得样品的重量、样品测试结果对应的状态等信息。

2.监测报告的监测参数和数据符合性要求

监测活动数据的获取应根据能源或原材料实际消耗的测量值来确定，并符合选定的核算方法的要求。若核算某项排放所需的活动水平或排放因子数据缺失，碳排放企业应采用适当的估算方法确定相应时期和缺失参数的保守替代数据。

9.1.5 监测标准规范

标准化在控制碳排放管理领域，特别是规范碳排放监测与报告等基础性作用非常明显，而我们国家在此领域目前还是空白。因此，我国需要加快碳排放监测相关标准规范的编制工作。可以先从转化《温室气体管理与核查标准》（ISO 14064：2006）、《温室气体——管理和核查机构对温室气体报告认证的要求》（ISO 14065：2013）、《温室气体—产品碳足迹—量化要求及指南》（ISO 14067：2018）等国际标准为突破口，参照《固定污染源烟气（SO_2、NO_X、颗粒物）排放连续监测技术规范》（HJ 75—2017）、《固定污染源烟气（SO_2、NO_X、颗粒物）排放连续监测系统技术要求及检测方法》（HJ 76—2017）等行业规范为国内碳排放监测提供基础，再结合国情和发展状况，建立符合我国地域特色和产业特点的碳排放监测标准规范体系。

9.2 碳排放监测能力

9.2.1 监测计划

监测计划主要内容有：

1.单位简介（至少包括：成立时间、所有权状况、法人代表、组织机构图和厂区平面分布图）。

2.主营产品（至少包括：主营产品的名称及产品代码）。

3.主营产品及生产工艺（至少包括：每种产品的生产工艺流程图及工艺流程描述，并在图中标明温室气体排放设施，对于涉及化学反应的工艺需写明化学反应方程式）。

4. 法人边界的核算和报告范围描述。

5. 主要排放设施（至少包括：燃料煅烧相关设施、工业过程排放相关设施、主要耗电设施）。

9.2.2　监测数据质量控制方案

质量控制方案应加强温室气体数据质量管理工作，包括但不限于：

1. 建立企业温室气体排放核算和报告的规章制度，包括负责机构和人员、工作流程和内容、工作周期和时间节点等；指定专职人员负责企业温室气体排放核算和报告工作。

2. 根据各种类型的温室气体排放源的重要程度对其进行等级划分，并建立企业温室气体排放源一览表，对于不同等级的排放源的活动数据和排放因子数据的获取提出相应的要求。

3. 依照《用能单位能源计量器具配备和管理通则》（GB 17167—2006）对现有监测条件进行评估，不断提高自身监测能力，并制定相应的监测计划，包括对活动数据的监测和对燃料低位发热量等参数的监测；定期对计量器具、检测设备和在线监测仪表进行维护管理，并记录存档。

4. 建立健全温室气体数据记录管理体系，包括数据来源、数据获取时间及相关责任人等信息的记录管理。

5. 建立企业温室气体排放报告内部审核制度，定期对温室气体排放数据进行交叉校验，对可能产生的数据误差风险进行识别，并提出相应的解决方案。

9.2.3　常用测量方法

针对不同介质或对象，目前国内常见的测量方法主要有：

1. 温室气体气态污染物：非色散红外法（NDIR-GFC）

这是一种红外吸收分析方法。其原理是利用物质能吸收特定波长的红外辐射而产生热效应变化，将这种变化转化为可测量的电流信号，以此测定该物质的含量。该方法操作简单、快速。常用于分析对红外辐射有较强吸收的气态物质，如 CO、CO_2、CH_4、NH_3 等。测定空气中 CO、水中总有机碳的非分散红外法被列入国家标准分析方法。

2. 烟气采样方法：直接热法抽取高温伴热

此法应用于对烟气中的气态污染物如 SO_2、NO_X、CO、CO_2 和固态污染物以及温度、压力、湿度、流量监测，并通过数据采集处理系统生成图谱、环保报表等，供相关部门使用。

3. 流量测量方法：差压法（皮托管）

皮托管是测量气流总压的一种装置，是 18 世纪法国工程师 H. 皮托发明的。皮托管是由一个垂直在支杆上的圆筒形流量头组成的管状装置。该装置在侧壁周围有一些静压孔，顶端有一个迎流的全压孔。当一台差压计两端分别与总压管和静压管连接，差压计上就可以显示出动压值来。

4. 温度测量方法：温度传感器

温度传感器是指能感受温度并将其转换成可用输出信号的传感器。温度传感器是温度测量仪表的核心部分，品种繁多。按测量方式可分为接触式和非接触式两大类，按照传感器材料及电子元件特性分为热电阻和热电偶两类。

5. 压力测量方法：压力传感器（电容法）

电容式压力传感器由置于空腔内的两个动片（弹性金属膜片）、两个定片（弹性膜片上下凹玻璃上的金属涂层）、输出端子和壳体等组成。其动片与两个定片之间形成了两个串联的电容。当进气压力作用于弹性膜片时，弹性膜片产生位移，势必与一个定片距离减小，而与另一个定片距离加大（可以通过一张纸来示范）。两金属电极板间距离是影响电容量的重要因素之一，距离增大，则电容量减小，距离减小，则电容量增大。这种由一个被测量量变引起两个传感元件参数等量、相反变化的结构，称为差动结构。如果弹性膜片置于被侧压力与大气压之间（弹性膜片上部空腔通大气），测得的是表压力；如果弹性膜片置于被侧压力与真空之间（弹性膜片上部空腔通真空），测得的是绝对压力。电容器的容量与组成的电容的两极板间的电解质及其相对有效面积成正比，而与两极板间的距离成反比。

6. 湿度测量方法：湿度氧量传感器（氧化锆法）

此法中的关键是湿度传递和相应的变换器，其湿度传感器氧化锆元件是一种电池型传感器，具有耐高温特性。由于湿空气中含氧浓度与其湿度之间存在着线性关系，因此有可能利用氧化锆定氧分析器测定湿空气的氧分压，并通过集成运算电路处理其输出信号，以获得湿空气中水蒸气含量。它不仅能将气体湿度及其变化转化成相应的电信号，而且具有较好的线性度、较高的重复检测精度和快速响应特性。

9.2.4　温室气体排放报告

温室气体排放企业应遵循相关性、完整性、一致性和透明性 4 个原则进行温室气体排放报告的编制，以便于第三方机构的审查和有关单位和部门的决策。企业可根据国家发展和改革委员会办公厅印发的各行业企业温室气体排放核算方法与报告指南（试行）文件附录中的框架进行编制。

温室气体报告应包括以下内容：

1. 报告主体基本信息

报告主体基本信息应包括报告主体名称、报告年度、单位性质、所属行业、组织或分支机构、地理位置、成立时间、发展演变、法定代表人、填报负责人及其联系方式等。

2. 温室气体排放量

报告的温室气体排放信息包括本企业在整个报告期内的温室气体排放总量，以及分排放源类别的化石燃料燃烧 CO_2 排放量、工业生产过程 CO_2 排放量、企业 CO_2 回收利用量、企业净购入电力和热力的隐含 CO_2 排放量，以及企业温室气体排放核算方法与报告指南（试行）未涉及的但依照主管部门发布的其他指南核算和报告的相关温室气体排放源及排放量。

3. 活动水平数据及来源说明

报告主体应结合核算边界和排放源的划分情况，分别报告所核算的各个排放源的活动水平数据，并详细阐述它们的监测计划及执行情况，包括数据来源或监测地点、监测方法、记录频率等。

4. 排放因子数据及来源说明

报告主体应分别报告各项活动水平数据所对应的含碳量或其他排放因子计算参数，如实测则应介绍监测计划及执行情况，否则应说明它们的数据来源、参考出处、相关假设及其理由等。

5. 其他希望说明的情况

分条阐述排放企业希望在报告中说明的其他问题。

第10章 碳排放咨询专业知识与能力

10.1 碳排放咨询概述

我国的碳市场自开市以来，交易额不断扩大，未来将会有更多的企业主动或被动加入到碳排放和碳资产的管理行列中，这就为"双碳咨询"创造了广阔的市场。

碳排放咨询专业涉及环境保护和气候变化等领域，主要的职责是为企业、政府和其他组织提供有关碳排放和减排策略的咨询服务（图10-1）。碳排放咨询人员主要工作有咨询工作的对接与策划、咨询工作实施、咨询工作结题和归档；高技能工作人员还应能进行技术管理、培训与指导工作。碳排放咨询人员应具备的专业知识与能力有以下内容：

1. 掌握国内外的碳排放政策法规，了解碳排放配额、碳排放交易等制度。

2. 熟悉碳排放计算方法，包括排放清单编制、排放因子的确定、碳足迹计算等。

3. 了解各种碳减排技术，包括清洁能源、能效改进、碳捕集和储存等。

4. 掌握碳市场和碳交易的相关知识，包括碳配额交易、碳减排项目验证和注册等。

5. 了解企业环境管理体系，包括环境影响评价、环境管理规划和环境监测等。

6. 具备数据分析能力，能够使用 Excel、Python 等工具进行数据处理、分析和可视化。

7. 具备良好的沟通能力和咨询能力，能够为客户提供专业的碳排放咨询服务，包括诊断、分析、方案设计和实施等。

8. 具备项目管理能力，能够制定项目计划、组织项目实施、监督项目进展和报告项目成果。

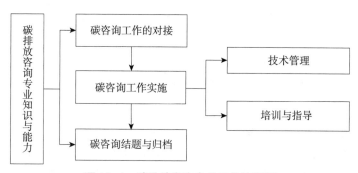

图10-1 碳排放咨询专业工作流程图

10.2 咨询工作对接与策划

碳排放咨询服务对象可以是控排企业、减排企业业主、机构和个人投资者、政府、企业、社会团体、个人等。碳排放咨询服务类型有碳达峰碳中和（双碳）规划、碳足迹/碳标签、碳核查和碳盘查等，如图10-2所示。

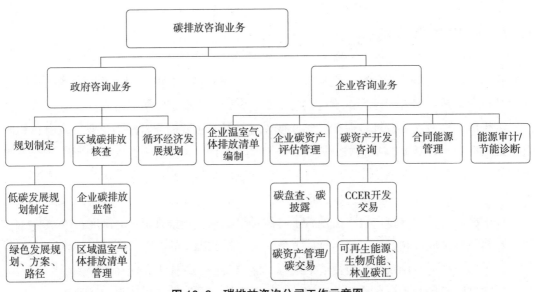

图 10-2 碳排放咨询公司工作示意图

10.2.1 对接咨询工作

碳排放咨询的边界可以包括碳排放调查和核算、碳排放评估、碳减排方案设计和实施、碳减排效果评估等，也可以进一步扩展到碳交易和碳金融等领域。但总体来说，碳排放咨询的核心内容是帮助企业识别和降低碳排放，减少对环境的影响，实现可持续发展。

1.碳排放咨询边界和内容

（1）碳排放调查和核算：对企业的碳排放情况进行全面、系统的调查和核算，编制碳排放清单，确定企业的碳排放水平。

（2）碳排放评估：根据企业的碳排放清单，对企业的碳排放量、排放强度等进行评估，确定企业的碳排放水平，分析碳排放的主要来源和影响因素。

（3）碳减排方案设计：根据企业的碳排放水平和碳排放评估结果，制定相应的碳减排方案。这包括技术方案、管理方案和行为方案等，以减少企业的碳排放量。

（4）碳减排方案实施：实施碳减排方案，包括技术改造、节能减排、设备更新、管理优化等措施，逐步降低企业的碳排放水平，见表10-1。

企业碳减排咨询项目及内容 表 10-1

序号	咨询项目	具体内容
1	企业碳盘查	开展企业碳盘查工作，出具碳盘查报告，协助企业修订监测计划
2	企业碳达峰碳中和战略路径研究	测算企业碳排放达峰年份与峰值排放量
		估算企业碳中和实现时间
		提出企业实现碳中和的总体战略路径
3	减排方法学开发及减排项目审定与核证	针对企业开展的减排行动及提供的低碳化产品服务，开发减量化模型，建立减排方法学，合理评价企业减排贡献
		协助项目业主开发可再生能源、林业碳汇、甲烷利用等 CCER 资源减排项目
4	企业经营或购买碳汇	可通过投资森林经营项目抵消企业碳排放
		购买碳汇，在国内 CCER 市场或国际自愿市场购买，抵消企业碳排放
5	技术研究及减排行动	碳捕集，"能效倍增"计划、淘汰落后产能、节能减碳等

（5）碳减排效果评估：对碳减排方案的实施效果进行评估，比较前后的碳排放水平，判断碳减排方案是否取得预期效果。

（6）产品碳足迹咨询：对企业的碳减排工作进行认证，确保碳减排方案的真实性和有效性。

2. 碳排放咨询工作流程

碳排放咨询工作流程是：实质性分析→盘查诊断→目标设定→路径规划→能力提升→信息披露→碳中和认证。

（1）实质性分析：帮助企业系统分析、评估与碳相关的政策、法规及行业倡议等外部因素给自身发展带来的机遇与风险。

（2）盘查诊断：全面盘查企业在产品、运营及供应链层面的碳排放情况。

（3）目标设定：通过应用在国内外得到广泛认可的工具和方法论，帮助企业设定科学的脱碳目标。

（4）路径规划：帮助企业筛选可投资的碳清除项目以抵消不可避免的碳排放。

（5）能力提升：帮助企业全面提升自身运营职能及供应链实施脱碳行动计划的能力。

（6）信息披露：根据适用的碳排放信息披露制度及规范要求，帮助企业对直接排放、间接排放、其他间接排放一级脱碳行动计划执行情况进行定期信息披露，并通过实施第三方核查加强碳排放信息的可信度。

（7）碳中和认证：发放第三方认证（证书及标识）证明企业通过采取脱碳及抵消措施，其温室气体排放或产品碳足迹已实现"净零"。

10.2.2 咨询工作实施流程及其要点

根据 2001 年《联合国气候变化框架公约》第七次缔约方会议达成的《马拉喀什协定》，碳排放项目（以典型的 CDM 项目为例），CDM 清洁发展机制（Clean Development

Mechanism，CDM）从开始准备到实施直到最终产生有效减排量，需要经历项目识别、项目设计、参与国批准、项目审定、项目注册、项目实施、监测预报告、减排量的核查与核证、经核实的减排额度签发等主要步骤，如图10-3所示。

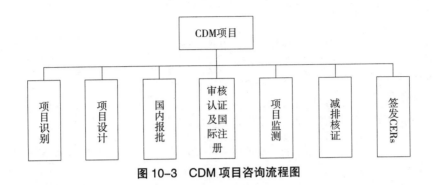

图10-3　CDM项目咨询流程图

1. 项目识别

根据项目基本信息，判断项目是否能成为CDM项目。最重要的判别标准是一个项目是否有真实的、可测量的、额外的减排效果，并且能带来与减缓气候变化相关的实际可测量的长期环境效益。为了确定项目是否具有额外性，必须将潜在项目的排放量同一个合理的称之为基准线的参考情景的排放量相比较。CDM项目还必须有一个监测计划以收集准确的排放数据。项目业主可以选择应用已经获得CDM国际执行理事会（EB）批准的方法学（包括基准线方法学及监测方法学）或者开发新的方法学。

2. 项目设计

根据项目资料，完成项目概念文件（Project Idea Notes，PIN）的编写。PIN的目的是向潜在的CERs（经核证的减排量）买家或项目投资者，书面介绍项目各方面的基本情况，使他们能够进行分析评价，初步了解项目类型、项目规模、项目是否可以开发为合格的CDM项目、减排量大小等。通过一系列商务谈判，最终与买家签订"购碳协议"。在该阶段，项目业主须提供的资料包括项目批准文件、可行性报告、环境影响评价报告等。随后选择最擅长该项目类型的CDM专家，选择适当的方法学编写项目设计文件（PDD）。项目设计文件是项目获得项目东道国的CDM主管机构（DNA）批准，通过指定经营实体（DOE）的审核及联合国CDM执行理事会（EB）登记注册的基础文件，是三方关注的核心。项目设计文件主要内容包括基准线的设定、项目减排额外性的论证、项目边界的合理界定、减排量的估算以及一套监测计划；同时还要求项目需要事先经项目所在地各相关方面的评估，论证该项目符合并支持主办国的可持续发展战略和优先领域，并通过项目的环境和社会影响评估。

3. 国内报批

准备相关材料向国家发展改革委申报。申报时提供的主要材料：PDD、CDM项目申请函、CDM项目行政许可申请表、工程项目概况和筹资情况相关说明。国家发展改革委审核内容包括：（1）企业参与 CDM 项目合作的资格；（2）CDM 项目的 PDD 文件的技术质量；（3）可转让温室气体减排量价格；（4）资金和技术转让条件；（5）可持续发展效益。

4. 审核认证及国际注册

申报的项目活动要成为 CDM 项目必须通过的第一项评估是合格性审定。这是一项由指定经营实体（DOE）根据项目设计文件对项目活动进行独立评估的过程。根据 CDM 的要求，由项目参与者与指定经营实体签订合同。在合格性审定的过程中，指定经营实体将审阅项目设计文件和其他支持文件，从而确定项目是否已经满足相关的特定要求，包括参与各缔约方满足了参与资格要求；征求和汇总了当地利益相关者的意见并给予了适当考虑；项目活动的环境影响分析文件已经提交；项目活动将导致额外的人为温室气体的减排量；以及有关项目已经使用合适的基准线和监测方法学的报告。

基于审定结果和从其他来源收到的意见，指定经营实体就是否确认该项目活动的合格性做出决定并将其决定通知项目参与者。如果所建议的项目活动被确认合格，指定经营实体将向执行理事会（EB）申请登记。

5. 项目监测

在项目运行过程中，根据监测方法学进行严格的监测，避免不必要的 CERs 损失。

6. 减排核证

DOE 作为减排核证的主体，对项目进行周期性核证，根据企业的监测计划和监测数据，对项目进行减排核证，证明企业减排监测的合法性。计算减排量，并出具书面报告，证明在一个周期内，项目取得了经核查的减排量，申请执行理事会签发 CERs。

7. 签发 CERs

EB 作为 CDM 的国际主管机构，审查减排核证报告，签发与核证减排量相等的 CERs。

10.2.3　碳排放咨询方案编制

1. 建立工作小组

碳排放咨询涉及的议题众多，从环境范畴的气候变化、能源消耗、废弃物管理，到社会范畴的雇佣管理、产品责任、供应链管理、社区投资，再到企业运作等企业治理事宜，几乎贯穿企业的各项管理内容。建立职责明晰的工作小组是碳排放咨询方案编制的基础，工作小组可作为企业内部任务分配、工作协同与资源调配的"指挥部"，确保相关工作高效推进。

2. 界定方案内容

清晰界定方案披露的议题及覆盖的实体范围是碳排放咨询方案编制的关键。但对于不同的企业来说，这些议题可能具有不同的影响程度；而对待不同议题时，企业也并非要保持同等的重视程度。碳排放议题的重要性主要由行业属性、企业特性及利益相关方期望决定。议题筛选的常用方法主要有四种：一是遵照监管部门出台的碳排放报告指引；二是借鉴同业企业，特别是领先企业所披露的议题内容；三是参照通用的非财务报告指南所列的披露要点；四是关注第三方机构所采纳的碳排放评价指标。

对方案内容和披露范围的界定，正是碳排放管理重要性的体现。编制要点如下：

（1）议题内容篇幅应与其重要程度保持一致。

（2）可根据议题对业务/实体的重要性，选取不同议题的披露范围，但需注明合理解释。

（3）矩阵分析可作为识别碳排放议题重要性的工具方法。

（4）碳排放议题重要性评估环节应有外部利益相关方的参与。

（5）议题重要性评估结果应作为下一阶段碳排放工作优先次序选择的参考。

3. 构建指标体系

构建归口明确、层次分明的碳排放指标体系是碳排放报告编制的重要支撑。从信息接收方来看，公司所披露的碳排放资料往往会被用来作为评估其可持续发展能力的数据基础。因此，定量化的数据展示是必不可少的。

科学系统的碳排放指标体系，不仅可以为方案提供数据支持，以可视化的数字提高内容可信度，也可作为碳排放管理的抓手，推动定量化的目标管理；同时，指标体系的构建过程也是梳理公司内部碳排放管理现状的过程，有助于界定各部门之间的管理职责，完善碳排放管理薄弱环节。

4. 完善咨询方案图文设计

咨询方案精美的图文设计是提升碳排放方案阅读性及信息传递效率的必要手段。与年报不同，碳排放方案并没有格式的统一规范要求，因此在展现形式上有更多的可能性。通过构思严谨、搭配合理、元素多样的图文设计，碳排放方案可具有更强的阅读性，进而有助于信息的传递。

一份碳排放咨询方案的图文设计重点包括封面、目录页、篇章页、可视化数据及图表等。编制要点如下：

（1）方案应增加图片、图表、模型图等设计元素。

（2）图文设计思路应体现企业可持续发展理念。

（3）应选取突出利益相关方神态的特写图片，增强报告感染力。

（4）应保证方案整体的设计统一性，彰显企业品牌形象。

10.2.4 咨询项目工作成本测算

咨询项目工作成本测算方法是主营业务成本法。主营业务成本是指公司生产和销售与主营业务有关的产品或服务所必须投入的直接成本，主要包括原材料、人工成本（工资）和固定资产折旧等。

信息咨询服务行业中的主营业务成本包括人员工资（即劳务成本）、与咨询服务项目有关的成本费用等。

营业费用不可以转入主营业务成本，营业费用包括电费、水费、房租、电话费等。

10.3　咨询工作实施

10.3.1　咨询项目书面调研

1. 制定咨询项目书面调研流程

（1）碳排放咨询流程包括企业提交申请，接受申请，建立计算模型和辅导等环节，如图 10-4 所示。

图 10-4　碳排放咨询流程图

（2）产品碳足迹咨询流程

产品碳足迹咨询流程包括企业提交申请，接受申请，资料准备，现场审核，发放报告和发放证书等环节，如图 10-5 所示。

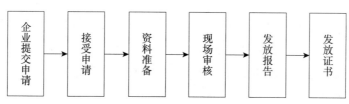

图 10-5　产品碳足迹咨询流程图

2. 制定咨询项目现场调研提纲

（1）碳排放管理现场调研提纲

碳排放管理现场调研提纲主要从全生命周期碳减排方面考虑：

1）板块产业链上下游碳排放。

2）典型产品全生命周期碳足迹（LCA）。

3）产品减碳技术和路径。

4）工业生产（总包及施工、城市轨道交通运营）过程脱碳技术和路径。

5）碳资产的增值（减碳措施）。

（2）双碳规划现场调研提纲

双碳规划现场调研提纲包括：

1）本区域储能研发机构情况。

2）本区域储能企业状况。

3）本区域储能产业目前产值规模。

4）本区域储能产业链情况。

5）本区域储能示范应用项目范围、示范项目的经济和社会效益。

6）大力发展本市及本区域储能产业相关政策举措建议。

（3）产品碳足迹现场调研提纲

产品碳足迹现场调研提纲包括：

1）建材生产及运输。

2）建筑建造。

3）建筑使用。

4）拆除回收利用。

3. 调研工作一般流程及工作要点

调研工作基本流程，一般具备以下四个环节：调研前的准备工作、调研实施阶段、调研结果分析及调研报告撰写、调研后的跟踪和评估。

（1）撰写调研任务书

调研任务书包括确定调研目的和范围、调研计划和调研提纲、调研对象和地点以及调研人员和分工、设计调研问卷等。

（2）实施调研任务

进行问卷调查、实地访谈、数据收集等工作，按照调研提纲逐步展开。在调研过程中，需要注意保护被调研对象的隐私和信息安全，尊重被调研对象的意见和权益。及时总结调研结果，对数据进行整理和分析，根据数据结果逐步推进调研工作。

（3）撰写调研报告

对收集的数据进行分析和归纳，查明问题所在，发掘优势和潜力。撰写调研报告，将调研过程、结果和分析归纳总结，提出可行的建议和措施。在撰写报告时，要注意用简洁明了的语言，突出重点，突出减排措施的可行性和实施性。

（4）调研报告使用及评估

根据调研报告的建议和措施，推进相应的减排工作，开展跟踪和评估工作，对减排效果进行监测和评估。不断优化减排措施和调研方法，提高减排效率和减排质量，实现环保和可持续发展的目标。

10.3.2 书面调研

1. 书面调研计划和方案

书面调研计划和方案主要内容包括：调研目的、调研对象、调研手段、调研方法、调研时间、调研范围、调研人员、调研预算、调研结果的应用性等。逻辑架构主要包括调研目的、调研对象、调研方法、实施过程、分析结果和编写报告等。

要点包括明确调研目标、确定调研对象、制定调研方案、实施调研、分析调研结果、撰写调研报告等。在制定书面调研计划和方案时，应根据实际需要和目标制定适宜的调研方式和方法，确保调研方案的科学性、可行性和有效性。

2. 书面调研清单内容和要点

书面调研清单主要包括以下内容：

（1）调研目的和背景：明确调研的目的和背景，描述调研要解决的问题，确保调研的针对性和实用性。

（2）调研对象和范围：明确调研对象和范围，包括调查的人群、地区、时间周期等，以便确定有效的调研样本。

（3）调研方法和手段：明确调研所需的方法、手段和工具，如问卷调查、访谈、观察等，确保调研过程的科学性和规范性。

（4）调研时间和地点：确定调研时间和地点，以确保调研实施的顺利和有效性。

（5）调研预算和人员：确定调研预算和人员，包括人员数量、职责分工、工作时间等要素，确保调研的经济性和实施性。

（6）调研数据分析：明确调研数据采集和分析的方式和方法，包括数据收集、整理、处理和分析等环节，确保调研数据的准确性和实用性。

（7）调研报告编写：确定调研报告的内容、形式和结构，以及报告撰写和审核的时间和方式，确保调研报告的可读性和信息量。

3. 书面调研主要问题

书面调研的主要问题包括调研目的未明确、调研对象和范围未明确、调研方法和手段不科学、调研数据采集不规范、调研报告编写不规范等。针对这些问题，可采取以下解决方法：

（1）制定明确的调研计划和方案，全面规范调研过程。

（2）对调研对象和范围进行准确描述，确保调研数据的客观性和代表性。

（3）选取合适的调研方法和手段，确保调研数据的准确性和实用性。

（4）严格执行调研数据采集和分析的规范，确保调研数据的标准化和规范化。

（5）编写清晰明了的调研报告，确保报告的可读性和信息量。

4. 咨询方案优化

咨询方案优化前需要对咨询方案进行测试，包括确定测试工作的计划和主要内容、测试逻辑架构和要点。双碳咨询方案测试计划应该包括以下内容：

（1）测试目标和测试范围：明确测试的具体目标和测试的范围。例如，测试方案的可行性、可靠性、有效性等。

（2）测试方法和流程：根据测试目标和测试范围，确定测试方法和流程。例如，根据双碳咨询方案的不同模块，设计相应测试用例并实施测试。

（3）测试环境和工具：确定测试环境和测试工具。例如，测试环境需要包括软件、硬件环境以及网络环境，测试工具需要包括测试管理工具、测试执行工具等。

（4）测试人员和时间：确定测试人员和时间。测试人员需要具备相关技术能力和经验，测试时间需要考虑到测试任务的复杂度和测试资源的安排。

（5）测试结果和报告：根据测试实际情况，记录测试结果和编写测试报告。测试报告需要详细描述测试的过程、结果和结论，以便后续优化和改进。

总之，双碳咨询方案测试计划需要充分考虑方案的特点和要求，同时注重测试方法和流程的规范化和科学化，确保测试的准确性和可信度。

10.3.3　调研报告提纲实例

工程建设板块"双碳"目标调研报告提纲

报告研究重点内容

1. 板块产业链上下游碳排放；

2. 典型产品全生命周期碳足迹（LCA）；

3. 产品减碳技术和路径；

4. 工业生产（总包及施工、城市轨道交通运营）过程脱碳技术和路径；

5. 碳资产的增值（减碳措施）。

建投负责部分

1. 工程建设板块简介

业务范围、行业特点；所属单位经营情况、发展规划；项目概况。

2. 工程建设板块"双碳"目标及法规要求

（1）法律法规要求。

（2）地方政府、行业要求。

（3）集团公司要求。

（4）目标。

3. 板块对标情况

板块涉及的国内外、行业内外以及竞争对手碳达峰、碳中和实施路径情况及对标。

4. 板块碳资产情况

减碳措施及减碳量。

建工负责部分

研究的背景、目的、意义。

研究的内容、方法。

1. 板块排放现状及技术现状报告

管理现状（责任制、机构、制度、检查、考核）、技术措施（新技术应用、减排技术应用）。

2. 板块产业链上下游碳排放研究报告

上下游碳排放范围、碳排放核算办法。

3. 板块典型产品全生命周期碳足迹分析研究报告

（1）先根据概算：

以 ×× 项目总碳或某日（月）排放量为例，估算项目开工准备期、主体施工高峰期、装饰装修工程收尾期碳排放曲线。

以 ×× 项目为例试运营、正式运营期（根据客流预测）碳排放情况。

结论给出最高值，估算准备期、试运营期比例数。

（2）若需要实际消耗，可依据各项目某日实耗统计核算。

4. 板块存在的问题分析

（1）减碳管理问题；

（2）减碳技术问题；

（3）碳核算存在的问题。

5. 板块产品减碳技术和路径研究报告

（1）轨道交通项目本身就是绿色、低碳、环保的先进的交通工具、设施。国家发展势头趋势强劲（国家政策支持、×× 城市轨道交通规划推出）。

（2）从承建的项目源头出发，从设计角度分析，节能减排技术应用的重要性。

（3）公司承建的项目严格落实环境影响评价、环保"三同时"、节能评估等制度措施。

6. 板块产品生产过程（总包及施工、城市轨道交通运营过程）减碳技术和路径研究报告

（1）技术（节能减排新技术）；

（2）路径（节能减排新管理措施）；

（3）针对问题的对策与措施。

7. 结论与展望

（1）本次调研工作的结论；

（2）下一步工作的展望或建议。

10.4　咨询工作结题和归档

碳排放咨询工作成果是以碳排放、双碳规划、产品碳足迹等类型的咨询报告表现的，是对整个碳排放咨询项目的总结。结题和归档还有助于发现项目中存在的问题和挑战，可以通过归档来收集和分析这些信息，并在以后的项目中应用改进的做法，以提高工作的质量和效率。

结题和归档是确认项目成果的重要方式，可以使客户更好地了解项目的实际效果，确保项目的目标已经达成，并记录项目的收益。

10.4.1　编制对接咨询报告流程

编制碳排放咨询报告是碳排放咨询服务的重要环节。根据咨询内容可以分为碳排放咨

询报告、双碳规划咨询报告和产品碳足迹咨询报告等。

1. 编制碳排放咨询报告流程

（1）确定报告内容和结构。根据客户需求和服务范围，确定报告的内容和结构。报告一般包括前言、目录、总结、分析和建议等部分。

（2）收集和整理数据。收集企业的碳排放数据，包括能源消耗、生产过程、运输等方面的数据，并将数据整理为标准的格式，以备后续分析。

（3）碳排放分析。对企业的碳排放数据进行分析，确定碳排放的来源和数量，分析影响碳排放的因素，并确定潜在的碳减排机会。

（4）碳减排方案设计。根据碳排放分析的结果，设计适合企业的碳减排方案，包括技术改进、节能减排、使用清洁能源等措施。

（5）评估碳减排效益。评估碳减排方案的减排效益和经济效益，包括减排量、减排成本、投资回报期等指标。

（6）撰写报告。根据前面的工作结果撰写碳排放咨询报告，报告内容包括碳排放分析、碳减排方案、实施建议、经济评估和总结等。

（7）报告交付和解释。将报告交付给客户，并解释分析结果、建议和评估方法，以便客户能够理解报告内容和实施方案。

（8）后续服务支持。提供后续服务支持，包括实施建议、监测和评估碳减排效果、更新碳排放清单等。如建设项目碳排放评价编制指南中明确报告内容有：适用范围、引用文件、术语和定义、碳排放评价工作内容和流程、碳排放评价方法、碳排放评价结论。

2. 编制双碳规划咨询报告流程

双碳规划是指通过减少碳排放来实现碳中和目标，从而缓解气候变化和环境污染。编制双碳规划咨询报告需要考虑以下几个方面：

（1）政策环境：编制双碳规划咨询报告需要考虑国家和地方政府的政策环境，以及相关法律法规、标准和规范等。

（2）碳排放情况：需要对所涉及的行业、企业和区域的碳排放情况进行全面的调研和分析，包括排放强度、排放来源、排放趋势等。

（3）可行性分析：需要对减排技术、减排成本、经济收益、社会影响等进行全面的可行性分析，从而确定减排方案的可行性和优先级。

（4）方案制定：在全面分析了碳排放情况和可行性之后，需要制定相应的减排方案，并对方案的实施效果、风险和投资回报进行评估。

（5）监测和评估：制定好双碳规划后，需要建立监测和评估机制，跟踪实施情况和效果，并及时对方案进行调整和优化。

以某园区双碳实施路径为例，编制双碳规划咨询报告的内容有：

1）背景介绍：历史沿革、地理位置、四至范围、社会经济环境现状、土地利用现状、自然资源等；国家、省、市"双碳"工作要求；"十四五"及前园区推动"双碳"开展的相关工作和取得的成效回顾。

2）现状评估：园区双碳现状测算、园区碳达峰现状评估。

3）目标预测："双碳"目标分析、主要目标及指标如达峰中和年限、碳排放总量、碳排放强度等。

4）实施路径。

5）保障措施。

3. 编制产品碳足迹咨询报告流程

产品碳足迹咨询报告是对产品全生命周期碳排放量的评估。编制产品碳足迹咨询报告的流程如下：

（1）定义产品范围。首先，需要定义要评估的产品的范围，确定产品的边界和评估所包括的生命周期阶段，例如原材料获取、生产、包装、运输、使用和处理。

（2）收集数据。在定义产品范围后，需要收集相关的数据，包括原材料和能源消耗、生产过程的碳排放、包装和运输的碳排放以及产品使用后的处理方式。可能需要使用一些软件或工具来进行数据收集和计算。

收集数据的软件是为了方便中小企业收集数据来计算、管理并报告其企业的碳足迹。可以指导用户分步将数据输入碳报告工具。各部分与工具中各工作表相对应，并且同时采用英文和中文表述。

软件同时附带碳足迹计算表格，包含以下内容：标题表格、现场燃烧使用、逸散排放、能源购买、原材料投入、入场物流等，适用于中小企业收集数据来计算、管理并报告其企业的碳足迹。使用时将对应数据输入碳报告工具，即可自动出结果。

（3）分析数据。在收集数据后，需要对其进行分析，以确定产品的主要碳排放来源以及产品生命周期的整体碳足迹。这有助于确定产品生命周期阶段中哪些环节可以采取措施来减少碳排放。

（4）提供建议。基于数据分析，需要提供减排建议，帮助客户减少产品的碳足迹。这可能包括替换使用低碳排放的材料、优化生产和运输流程、鼓励客户进行可持续消费等。

（5）预测影响。在提供减排建议后，需要预测这些建议对客户业务的影响。这可能包括对成本、时间表和效率的影响。需要为客户提供关于减排建议的详细信息，并解释这些建议的实际效果。

（6）编写报告。最后需要编写一份产品碳足迹咨询报告、总结分析和建议。在这份报告中，需要提供具体的行动计划，以帮助客户减少产品的碳足迹。

10.4.2　咨询质量控制与归档

碳排放咨询项目的质量主要体现在碳排放相关咨询报告上，碳排放计算的准确性、报告的完整性和可读性、建议的科学性和可行性等与咨询师专业水平直接相关，同时咨询项目管理的有效性也非常重要。碳排放咨询项目需要经过项目管理的流程来保证项目的质量。项目管理包括项目计划、任务分配、项目跟踪和项目反馈等方面。有效的项目管理可以确保项目按照计划完成，并且及时解决项目中出现的问题，从而保证项目的质量。

1. 编制咨询报告质量控制计划

咨询报告质量控制计划是确保报告质量的管理文档。其内容应根据具体的咨询项目而定，但一般应包括以下内容：

（1）报告质量目标和标准。明确报告的质量目标和标准，以便确保报告的准确性、完整性、可读性和一致性。

（2）质量控制流程。制定完整的质量控制流程，确保从项目启动到报告最终交付的整个过程都能够符合质量要求。

（3）质量控制人员和职责。明确质量控制人员的职责和负责人，并对质量控制人员进行培训，确保他们能够正确地执行质量控制计划。

（4）质量控制工具和技术。明确使用哪些工具和技术来进行质量控制，如数据分析、质量审查、质量评估等。

（5）质量控制检查清单。制定详细的质量控制检查清单，包括报告内容、格式、文本、图表、表格等方面的要求，以确保符合标准。

（6）报告审查程序。明确报告审查的程序，包括对报告的审核、修改和最终批准等步骤。

（7）质量反馈和改进计划。建立反馈机制，收集客户反馈和质量问题，分析问题原因并制定改进计划，以不断提高报告质量。

（8）质量控制记录。记录质量控制过程中的所有数据和结果，包括审查结果、质量检查报告等，以便追溯和总结。

2. 咨询报告归档

咨询报告资料归档制度是一套规范的文件管理流程，包括报告的收集、整理、分类、归档、保存等环节，以便于查询、利用和保管。建立咨询报告的归档制度可以提高工作效率、有利于保护知识产权、改善决策质量。咨询报告管理归档实施要点：

（1）建立管理规范。制定详细的文件管理制度，规范各个环节的工作流程。

（2）统一分类体系。建立统一的分类体系，包括分类的名称、分类的方式、分类的编号等。

（3）确定负责人。为每个环节指定专人负责，确保每个报告都得到及时的归档。

（4）采用电子档案管理系统。采用电子档案管理系统可以方便地进行归档、查找和利用，提高工作效率。

（5）定期清理和备份。定期清理和备份可以保证报告的安全性和完整性。

10.5　咨询工作技术管理

10.5.1　咨询工作手册编制

碳排放咨询工作手册涵盖了为客户提供碳管理和减排建议所需的一般步骤和方法。

1. 碳排放量测量和数据收集。碳排放量计算方法和工具、数据收集的流程和要求。

2. 碳排放量的分析和解释。

3. 碳足迹评估。产品或服务碳足迹评估、组织碳足迹评估、操作碳足迹评估。

4. 减少碳排放。评估减排机会、碳减排目标设定、减排方法和技术、碳市场和碳补偿。

5. 碳管理系统。碳管理体系的建立、碳管理系统的运作、碳管理体系的审计和认证。

6. 咨询和沟通。碳管理和减排建议的咨询服务、沟通和报告建议、碳管理和减排知识的传递和培训。

10.5.2　设计和开发咨询工具

1. 咨询工具的逻辑

碳排放咨询工具的逻辑架构可能包括以下组成部分（图 10-6）。

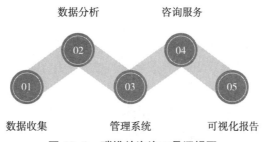

图 10-6　碳排放咨询工具逻辑图

（1）数据收集

该组成部分收集客户的数据，这些数据涉及组织的业务和碳排放量。数据可以从各种来源收集，例如能源账单、运输数据、采购记录等。数据收集可以手动进行，也可以采用自动化，例如通过传感器等设备进行数据收集。

（2）数据分析

该组成部分使用客户提供的数据进行分析，以测量组织的碳排放量并确定碳足迹。这可能包括计算碳排放量、分析碳足迹、识别碳排放来源、评估碳减排机会以及制定减排计划。

（3）管理系统

该组成部分可以包括为客户开发和实施碳管理系统。这可能包括建立内部碳管理团队、定义碳减排目标、确定行动计划和监测碳排放量等。

（4）咨询服务

该组成部分提供咨询服务，为客户提供碳管理和减排建议。这可能包括与客户合作识别和评估碳减排机会，为客户制定具体的减排计划，以及提供建议以最大程度地减少碳排放。

（5）可视化报告

该组成部分可以包括为客户提供可视化报告，以呈现组织的碳足迹和碳管理计划。这可能包括创建可视化仪表板、绘制图表、制作表格和提供数据可视化。

2. 咨询工具的模块

在逻辑架构中，数据收集是一个初始的组成部分，其后是数据分析，将客户提供的数据用于测量组织的碳排放量、分析碳足迹、识别碳排放来源、评估碳减排机会以及制定减排计划。接下来是管理系统，该系统为客户提供了开发和实施碳管理系统的支持，以帮助客户建立内部碳管理团队、定义碳减排目标、确定行动计划和监测碳排放量。咨询服务是下一个组成部分，该服务为客户提供咨询支持，识别和评估碳减排机会，为客户制定具体的减排计划，并提供建议以最大程度地减少碳排放。最后，可视化报告组成部分提供了一系列可视化工具，用于呈现组织的碳足迹和碳管理计划，例如可视化仪表板、图表、表格等。

10.6　培训与指导

10.6.1　人员培训

1. 培训计划编制

所谓培训计划是按照一定的逻辑顺序排列的记录，它是从组织的战略出发，在全面、客观的培训需求分析基础上做出的对培训时间、培训地点、培训者、培训对象、培训方式和培训内容等的预先系统设定。以培训碳排放咨询员为例，培训计划编制内容有以下几个方面：

（1）前置知识培训

在进行碳排放咨询工作之前，碳排放咨询员需要具备一定的基础知识，例如碳排放计算方法、温室气体排放清单编制方法、碳市场政策等。因此，需要提供前置知识培训，以便碳排放咨询员掌握这些基础知识。

（2）实践机会

为了能够将前置知识应用于实际工作中，需要提供实践机会，例如参与客户项目、帮助编制排放清单和减排方案等。通过实践，碳排放咨询员可以学习如何应对真实的工作挑战，掌握解决问题的方法和技能。

（3）专题讲座和工作坊

需要提供专题讲座和工作坊，以便碳排放咨询员深入掌握碳排放咨询领域的专业知识和技能。这可能包括碳交易、碳排放核查、碳减排技术等方面的专业知识。此外，还可以组织工作坊，以实现知识分享和案例分析。

（4）外部培训

碳排放咨询员还需要接受外部培训，以便掌握行业最新技术和发展趋势。这可能包括参加行业研讨会和会议、参观其他公司和组织以及参加专业课程等。外部培训可以增加碳排放咨询员的专业知识和认知水平，同时扩展其业务网络。

（5）个人发展计划

每个碳排放咨询员都应制定个人发展计划，以确定其职业生涯发展的方向和目标，并制定达成这些目标的具体步骤。这有助于碳排放咨询员不断提高专业技能和知识水平，以满足客户的需求和适应行业变化。

2. 培训课程开发

根据培训计划开发相应的培训课程资料。培训形式不同，选择的培训资源也不同，通常包括文本资料、视频资源等。

（1）前置知识

前置知识包括碳排放计算方法、温室气体排放清单编制方法、碳市场政策等基础知识。需要编写相关的教材和资料，以便碳排放咨询员掌握这些基础知识。这些教材可以涵盖以下主题：碳排放计算方法、温室气体排放清单编制方法、碳市场政策、环境法律法规等。

（2）实践案例

通过实践案例，可以帮助碳排放咨询员了解实际工作中的应用情况。需要准备真实的案例，以便碳排放咨询员了解如何应对真实的工作挑战。这些案例可以包括排放清单编制、碳减排方案制定等实际案例。

（3）视频教程

视频教程可以提供视觉化的学习材料，使碳排放咨询员更好地理解教材内容。视频教程可以包括示范视频、课程介绍和专家讲解等。这可以帮助碳排放咨询员更好地掌握教材内容，并且有助于他们更好地应用所学知识到实际工作中。

（4）练习和测试题

为了帮助碳排放咨询员更好地掌握教材内容，需要编写一些练习和测试题。这可以帮助他们检查自己的学习进度和掌握程度。练习和测试题可以覆盖教材内容的各个方面，并且应该涵盖多种题型，包括选择题、填空题、解答题等。

3. 培训组织与实施方法

培训计划制定后，如何实施无疑是最关键的。根据国内权威培训机构中商国际管理研究院专家团队的长期研究和实践，总结出如何实施好培训计划，涉及培训目标、计划、教材、师资、实施和评估等方面的全面考虑和策划。

（1）确定培训目标：首先需要明确培训的目标。例如：提高学员的碳排放咨询能力、提高学员的专业水平等。这将有助于确定培训的内容和形式。

135

（2）设计培训计划：在确定培训目标之后，需要制定具体的培训计划，包括培训内容、培训时间、培训方式等。

（3）决定培训时间：要考虑是在白天，还是晚上，工作日还是周末，旺季还是淡季，何时开始，何时结束等。

（4）选择培训方式：培训方式包括面授和在线培训。由于碳排放咨询员需要实地操作、调查和测量，因此面授培训是比较适合的培训方式。但是，在线培训也可以用于提供基础知识和实践案例的介绍。

培训地点的优劣也会影响到培训的效果。培训地点一般有以下几种：企业内部的会议室、企业外部的会议室、宾馆内的会议室。要根据培训的内容来布置培训场所。

（5）选择培训教材：培训教材应该涵盖碳排放咨询的基础知识、实践案例、专题讲座、视频教程、练习和测试题等内容。一般由培训师确定教材，教材来源主要有四种：公开发行的教材、企业内部的教材、培训公司开发的教材和培训师编写的教材。一套好的教材应该是围绕目标、简明扼要、图文并茂、引人入胜。

（6）选择培训师资：选择合适的培训师资是成功实施培训计划的关键。应选择具有丰富实践经验和良好口碑的培训师资，以保证学员能够受益。

（7）实施培训：根据培训计划，实施培训。在面授培训中，可以采用讲授、讨论、案例分析、工作坊等方式进行培训。在线培训中，可以通过视频、音频、在线讨论等方式提供培训内容。

（8）评估和反馈：在培训结束后，应该进行评估和反馈。可以通过问卷调查、学员反馈等方式评估培训效果，以便进一步改进培训计划和教材。

10.6.2　业务指导

1. 业务指导方案

碳排放咨询员业务指导方案应该包括业务范围、业务流程、业务标准、业务技术、业务案例、业务培训和业务考核等内容，以确保碳排放咨询员具备高质量的业务能力和专业素养。

（1）业务范围。明确碳排放咨询员的业务范围，包括碳排放量计算、节能减排技术应用、碳交易等。

（2）业务流程。制定清晰的业务流程，包括客户咨询、调研、分析、报告编制、交付等环节。

（3）业务标准。制定符合国家相关规定的业务标准，包括计算方法、数据收集和分析标准、报告编制标准等。

（4）业务技术。明确碳排放咨询员需要掌握的技术，包括数据处理、计算软件使用、现场调查技术等。

（5）业务案例。提供实际案例，帮助碳排放咨询员更好地理解业务流程、标准和技术，并能够更好地应用到实际工作中。

（6）业务培训。对新入职的碳排放咨询员进行培训，培训内容包括业务流程、标准、技术、案例分析等。

（7）业务考核。建立考核机制，对碳排放咨询员的业务能力进行评估，评估内容包括业务流程、标准、技术、案例分析等。

2. 业务指导

碳排放咨询员业务指导需要针对具体的工作内容和实际情况进行制定，高级咨询技师应以实际项目为载体，对低级别的碳排放咨询业务员进行业务指导。

附录一　施工机械碳排放因子

机械名称	性能规格		台班能源用量			碳排放因子/ （kgCO₂e/台班）
			汽油/kg	柴油/kg	电/ （kW·h）	
履带式推土机	功率	75kW	—	56.5	—	207.12
		105kW	—	60.8	—	222.89
		135kW	—	66.8	—	244.88
履带式单斗液压挖掘机	斗容量	0.6m³	—	33.68	—	123.47
		1m³	—	63	—	230.95
轮胎式装载机	斗容量	1m³	—	52.73	—	193.3
		1.5m³	—	58.75	—	215.37
钢轮内燃压路机	工作质量	8t	—	19.79	—	72.55
		15t	—	42.95	—	157.45
强夯机械	夯击能量	1200kN·m	—	32.75	—	120.06
		2000kN·m	—	42.76	—	156.75
		3000kN·m	—	55.27	—	202.61
		4000kN·m	—	58.22	—	213.43
		5000kN·m	—	81.44	—	298.55
静力压桩机	压力	900kN	—	—	91.81	54.35
		2000kN	—	77.76	—	285.06
		3000kN	—	85.26	—	312.55
		4000kN	—	96.25	—	352.84
电动单筒慢速卷扬机	牵引力	10kN	—	—	126	74.59
		30kN	—	—	28.76	17.03
载重汽车	装载质量	4t	25.48	—	—	89.06
		6t	—	33.24	—	121.85
		8t	—	35.49	—	130.1
		12t	—	46.27	—	169.62
		15t	—	56.74	—	208
		20t	—	62.56	—	229.34

续表

机械名称	性能规格		台班能源用量			碳排放因子 / (kgCO₂e/ 台班)
			汽油 /kg	柴油 /kg	电 / (kW·h)	
交流弧焊机	容量	21kV·A	—	—	60.27	35.68
		32kV·A	—	—	96.53	57.15
		40kV·A	—	—	132.23	78.28
履带式柴油打桩机	冲击质量	2.5t	—	44.37	—	162.66
		3.5t	—	47.94	—	175.74
		5t	—	53.93	—	197.7
		7t	—	57.4	—	210.42
		8t	—	59.14	—	216.8
回旋钻机	孔径	800mm	—	—	142.5	84.36
		1000mm	—	—	163.72	96.92
		1500mm	—	—	190.72	112.91
履带式起重机	提升质量	5t	—	18.42	—	67.53
		10t	—	23.56	—	86.37
		15t	—	29.52	—	108.22
		20t	—	30.75	—	112.73
		25t	—	36.98	—	135.56
		30t	—	41.61	—	152.54
		40t	—	42.46	—	155.65
		50t	—	44.03	—	161.41
		60t	—	47.17	—	172.92
轮胎式起重机	提升质量	25t	—	46.26	—	169.58
		40t	—	62.76	—	230.07
		50t	—	64.76	—	237.4
汽车式起重机	提升质量	8t	—	28.43	—	104.22
		12t	—	30.55	—	111.99
		16t	—	35.85	—	131.42
		20t	—	38.41	—	140.81
		30t	—	42.14	—	154.48
		40t	—	48.52	—	177.87
单笼施工电梯	提升质量 1t	提升高度	75m	—	—	42.32	14.83
			100m	—	—	45.66	16
双笼施工电梯	提升质量 2t		100m	—	—	81.86	28.69
			200m	—	—	159.94	56.05

机械名称	性能规格		台班能源用量			碳排放因子/ （kgCO$_2$e/台班）
			汽油/kg	柴油/kg	电/ （kW·h）	
自卸汽车	装载质量	5t	31.34	—	—	109.54
		15t	—	52.93	—	194.04
涡浆式混凝土搅拌机	出料容量	250L	—	—	34.1	20.19
		500L	—	—	107.71	63.76
混凝土输送泵	输送量	45m^3/h	—	—	243.46	144.13
		75m^3/h	—	—	367.96	217.83
预应力钢筋拉伸机	拉伸力	650kN	—	—	17.25	10.21
		900kN	—	—	29.16	17.26
钢筋切断机	直径	40mm	—	—	32.1	19
钢筋弯曲机	直径	40mm	—	—	12.8	7.58
电动夯实机	夯击能量	250N·m	—	—	16.6	9.83
电动弯管机	管径	108mm	—	—	32.1	19
对焊机	容量	75kV·A	—	—	122	72.22
点焊机	容量	75kV·A	—	—	154.63	91.54
叉式起重机	提升质量	3t	26.46	—	—	92.48
灰浆搅拌机	拌筒容量	200L	—	—	8.61	5.1
泥浆罐车	灌容量	5000L	31.57	—	—	110.34
洒水车	灌容量	4000L	30.21	—	—	105.59

附录二 建筑材料碳排放因子

建材类别	计量单位	碳排放因子 /（kgCO$_2$e/计量单位）
C30 混凝土	m^3	295
C50 混凝土	m^3	385
普通硅酸盐水泥（市场平均）	t	735
石灰生产（市场平均）	t	1190
消石灰（熟石灰、氢氧化钙）	t	747
天然石膏	t	32.8
砂（f=1.6 ~ 3.0）	t	2.51
碎石（d=10 ~ 30mm）	t	2.18
页岩石	t	5.08
黏土	t	2.69
混凝土砖（240×115×90mm）	m^3	336
蒸压粉煤灰砖（240×115×53mm）	m^3	341
页岩实心砖（240×115×53mm）	m^3	292
页岩空心砖（240×115×53mm）	m^3	204
黏土空心砖（240×115×53mm）	m^3	250
烧结粉煤灰实心砖 （240×115×53mm，掺入量为50%）	m^3	134
铸造生铁	t	2280
炼钢生铁	t	1700
热轧碳钢小型型钢	t	2310
热轧碳钢 H 钢	t	2350
热轧碳钢中厚板	t	2400
热轧碳钢钢筋	t	2340
热轧碳钢高线材	t	2375
热轧碳钢棒材	t	2340
铝板带	t	28500
冷轧碳钢板卷	t	2530
冷硬碳钢板卷	t	2410

建材类别		计量单位	碳排放因子 / (kgCO₂e/ 计量单位)
断桥铝合金窗	100% 原生铝型材	m²	254
	原生铝∶再生铝 =7∶3	m²	194
铝木复合窗	100% 原生铝型材	m²	147
	原生铝∶再生铝 =7∶3	m²	122.5
铝塑共挤窗		m²	129.5
碳钢电镀锌板卷		t	3020
碳钢电镀锡板卷		t	2870
碳钢热镀锌板卷		t	3110
聚乙烯管		kg	3.6

附录三 文件评审表

重点排放单位名称			
重点排放单位地址			
统一社会信用代码		法定代表人	
联系人		联系方式（座机、手机和电子邮箱）	
核算和报告依据			
核查技术工作组成员			
文件评审日期			
现场核查日期			
核查内容	文件评审记录（将评审过程中的核查发现、符合情况以及交叉核对等内容详细记录）	存在疑问的信息或需要现场重点关注的内容	
1. 重点排放单位基本情况			
2. 核算边界			
3. 核算方法			
4. 核算数据			
1）活动数据			
①活动数据 1			
②活动数据 2			
……			
2）排放因子			
①排放因子 1			
②排放因子 2			
……			
3）排放量			
4）生产数据			
①生产数据 1			
②生产数据 2			
……			

5. 质量控制和文件存档		
6. 数据质量控制计划及执行		
1）数据质量控制计划		
2）数据质量控制计划的执行		
7. 其他内容		

核查技术工作组负责人（签名、日期）：

附录四　现场核查清单

重点排放单位名称			
重点排放单位地址			
统一社会信用代码		法定代表人	
联系人		联系方式 （座机、手机、电子邮箱）	
现场核查要求		现场核查记录	
1.			
2.			
3.			
4.			
……			
		现场发现的其他问题：	
核查技术工作组负责人（签名、日期）		现场核查人员（签名、日期）	

附录五 不符合项清单

重点排放单位名称			
重点排放单位地址			
统一社会信用代码		法定代表人	
联系人		联系方式 （座机、手机和电子邮箱）	
不符合项描述		整改措施及相关证据	整改措施是否符合要求
1.			
2.			
3.			
4.			
……			
核查技术工作组负责人 （签名、日期）：		重点排放单位整改负责人 （签名、日期）：	核查技术工作负责人 （签名、日期）：

附录六　核查结论

一、重点排放单位基本信息			
重点排放单位名称			
重点排放单位地址			
统一社会信用代码		法定代表人	

二、文件评审和现场核查过程			
核查技术工作组承担单位		核查技术工作组成员	
文件评审日期			
现场核查工作组承担单位		现场核查工作组成员	
现场核查日期			
是否不予现场核查？	是 [ ] 否 [ ]，如是，简要说明原因		

三、核查发现
（在相应空格中打√）

核查内容	符合要求	不符合项已整改且满足要求	不符合项整改但不满足要求	不符合项未整改
1.重点排放单位基本情况				
2.核算边界				
3.核算方法				
4.核算数据				
5.质量控制和文件存档				
6.数据质量控制计划及执行				
7.其他内容				

四、核查确认

（一）初次提交排放报告的数据	
温室气体排放报告（初次提交）日期	
初次提交报告中的排放量（tCO$_2$e）	
初次提交报告中与配额分配相关的生产数据	

（二）最终提交排放报告的数据	
温室气体排放报告（最终）日期	
经核查后的排放量（tCO$_2$e）	
经核查后与配额分配相关的生产数据	

续表

（三）其他需要说明的问题	
最终排放量的认定是否涉及核查技术工作组的测算	是 [ ] 否 [ ]，如是，简要说明原因、过程、依据和认定结果
最终与配额分配相关的生产数据的认定是否涉及核查技术工作组的测算？	是 [ ] 否 [ ]，如是，简要说明原因、过程、依据和认定结果
其他需要说明的情况	

核查技术工作负责人（签字、日期）：

技术服务机构盖章（如购买技术服务机构的核查服务）

附录七 技术服务机构信息公开表

（年度核查）

一、技术服务机构基本信息

技术服务机构名称			
统一社会信用代码		法定代表人	
注册资金		办公场所	
联系人		联系方式（电话、邮箱）	

二、技术服务机构内部管理情况

内部质量管理措施	
公正性管理措施	
不良记录	

三、核查工作及时性和工作质量

序号	重点排放单位名称	统一社会信用代码/组织机构代码	检查及时性（填写及时或不及时）	检查质量（如符合要求填写符合，如不符合要求，简述不符合的具体内容）						
				1.重点排放单位基本情况	2.核算边界	3.核算方法	4.核算数据	5.质量控制和文件存档	6.数据质量控制计划及执行	7.其他内容
1										
2										
3										
4										
……										

共出具   份《核查结论》。其中：   份合格，   份不合格，合格率   %。

《核查结论》不合格情况如下：

1.重点排放单位基本情况核查存在不合格的   份；

2.核算边界的核查存在不合格的   份；

3.核算方法的核查存在不合格的   份；

4.核算数据的核查存在不合格的   份；

5.质量控制和文件存档的核查存在不合格的   份；

6.数据质量控制计划及执行的核查存在不合格的   份；

7.其他内容的核查存在不合格的   份

附：1.技术服务机构内部质量管理相关文件

   2.技术服务机构《年度公正性自查报告》

参考文献

[1] 丁仲礼. 中国碳中和框架路线图研究 [J]. 中国工业和信息化, 2021 (08): 54-61.

[2] 丁仲礼. 碳中和对中国的挑战和机遇 [J]. 中国新闻发布 (实务版), 2022 (01): 16-23.

[3] 丁仲礼. 深入理解碳中和的基本逻辑和技术需求 [J]. 党委中心组学习, 2022 (04): 1-5.

[4] 江亿, 胡姗. 中国建筑部门实现碳中和的路径 [J]. 暖通空调, 2021, 51 (05): 1-13.

[5] 陈超, 薄艾, 刘亚运, 等. 建筑碳排放量计算方法发展历程 [J]. 工程质量, 2023, 41 (05): 60-65.

[6] 碳达峰碳中和工作领导小组办公室等. 碳达峰碳中和干部读本 [M]. 北京: 党建读物出版社, 2022.

[7] 吴刚, 欧晓星, 李德智. 建筑碳排放计算 [M]. 北京: 中国建筑工业出版社, 2022.

[8] 中国建筑节能协会, 重庆大学. 2022 中国城乡建设领域碳排放系列研究报告 [EB/OL]. [2023-01-04]. https://www.cabee.org/site/content/24420.html.

[9] 北京中建协认证中心有限公司. 中国建筑碳达峰碳中和研究报告 [Z]. 北京, 2022.

[10] 清华大学建筑节能研究中心. 中国建筑节能年度发展研究报告 2023 (城市能源系统专题) [M]. 北京: 中国建筑工业出版社, 2023.

[11] 住房和城乡建设部科技与产业化发展中心. 建筑材料领域碳达峰碳中和实施路径研究 [M]. 北京: 中国建筑工业出版社, 2022.

[12] 罗智星. 建筑生命周期二氧化碳排放计算方法与减排策略研究 [D]. 西安建筑科技大学, 2019.

[13] 中华人民共和国住房和城乡建设部. 建筑碳排放计算标准: GB/T 51366—2019[S]. 北京: 中国建筑工业出版社, 2019.

[14] 中华人民共和国住房和城乡建设部. 建筑节能与可再生能源利用通用规范: GB 55015—2021[S]. 北京: 中国建筑工业出版社, 2021.

[15] 中华人民共和国人力资源和社会保障部. 国家职业技能标准 – 碳排放管理员 (征求意见稿) [EB/OL]. www.mohrss.gov.cn/SYrlzyhshbzb/zcfg/SYzhengqiuyijian/202207/t20220729_

479766. html. 2022.

[16] 《碳排放核查员培训教材》编写组 . 碳排放核查员培训教材 [S]. 北京：中国标准出版社，2015.

[17] 夏颖哲，王侃宏，刘伟，等 . 碳排放管理员培训教材 [S]. 北京：中国环境出版社，2023.

[18] 中国气象局 . 2022 年中国气候公报 [EB/OL]. www. ncc–cma. net/channel/news/newsid/100060，2023.

[19] 魏吉祥 . 数字时代工业企业能源管控项目质量管理研究 [D]. 北京邮电大学，2021.

[20] 孙博华，赵翔 . 中国能源智能化管理现状及发展趋势 [J]. 华北电力大学学报（社会科学版），2014（01）：1–6.

[21] 肖旭东 . 绿色建筑生命周期碳排放及生命周期成本研究 [D]. 北京交通大学，2022.

[22] 杨馨 . 基于建筑全生命周期碳排放的某工程生态改良实证研究 [D]. 华南理工大学，2018.

[23] 鞠颖，陈易 . 全生命周期理论下的建筑碳排放计算方法研究——基于 1997 ~ 2013 年间 CNKI 的国内文献统计分析 [J]. 住宅科技，2014，34（05）：32–37.

[24] IPCC. Climate Change 2014 Synthesis Report [R]. Geneva，Switzerland：IPCC，2014.

[25] 张凯，李岳岩 . 国内高层钢筋混凝土结构住宅建筑全生命周期碳排放对比分析 [J]. 城市建筑，2020，17（25）：36–38.

[26] 蔡伟光，蔡彦鹏 . 全国建筑碳排放计算方法研究与数据分析 [J]. 建设管理研究，2020（01）：61–76.

[27] 清华大学建筑节能研究中心 . 中国建筑节能年度发展研究报告 2019[M]. 北京：中国建筑工业出版社，2019：11–12.

[28] 徐鹏鹏，申一村，傅晏，等 . 基于定额的装配式建筑预制构件碳排放计量及分析 [J]. 工程管理学报，2020，34（03）：45–50.

[29] 罗洁雨，聂忆华，刘璐源，等 . 基于 DeST 的三种别墅设计方案的能耗分析 [J]. 智能建筑与智慧城市，2021（02）：81–83.

[30] 董乐群 . 建材行业碳排放核查管理与实践 [M]. 北京：中国质检出版社，2017.

[31] 《碳排放核查员培训教材》编写组 . 碳排放核查员培训教材 [M]. 北京：中国标准出版社，2015.

[32] 天津市住房和城乡建设委员会 . 天津市建筑物温室气体排放量核查技术导则 . 2020.

[33] 生态环境部 . 企业温室气体排放报告核查指南（试行）[R]. https：//www.mee.gov.cn/

xxgk2018/xxgk/xxgk06/201103/W020210329546745446406.pdf. 2021.

[34] 任洪涛."双碳"背景下碳排放数据质量监管的制度省思与法治完善 [J]. 广西社会科学，2023（02）：11–19.

[35] 龙迪，范丹婷，Huw Slater，等 . 碳排放数据质量问题及提升建议 [J]. 环境保护，2022，50（12）：54–56.

[36] 薛雨石 . 我国钢铁工业碳排放核算现状与审计人员开展碳审计方案设计 [J]. 绿色财会，2021（12）：46–48+52.

[37] 李冬青 . 建筑物生命周期碳排放测算简化方法的研究 [J]. 深圳职业技术学院学报，2016，15（05）：31–38.